PLC 及 LabVIEW 测控实践

张　曦　廖婷婷　王　力　◎编　著
苟国庆　谭洪涛

吕其兵　◎主　审

西南交通大学出版社
·成　都·

图书在版编目（CIP）数据

PLC 及 LabVIEW 测控实践 / 张曦等编著. -- 成都：
西南交通大学出版社，2024. 8. -- ISBN 978-7-5643
-9990-0

Ⅰ. TM571.61；TP311.561

中国国家版本馆 CIP 数据核字第 2024YN1288 号

PLC ji LabVIEW Cekong ShiJian

PLC 及 LabVIEW 测控实践

张　曦　廖婷婷　王　力
　　　　　　　　　　　　　编著
苟国庆　谭洪涛

策 划 编 辑	牛　君　臧玉兰
责 任 编 辑	穆　丰
封 面 设 计	墨创文化
出 版 发 行	西南交通大学出版社
	（四川省成都市金牛区二环路北一段 111 号
	西南交通大学创新大厦 21 楼）
营销部电话	028-87600564　028-87600533
邮 政 编 码	610031
网　　　址	http://www.xnjdcbs.com
印　　　刷	成都蜀通印务有限责任公司
成 品 尺 寸	185 mm×260 mm
印　　　张	8
字　　　数	151 千
版　　　次	2024 年 8 月第 1 版
印　　　次	2024 年 8 月第 1 次
书　　　号	ISBN 978-7-5643-9990-0
定　　　价	35.00 元

可编程逻辑控制器（PLC）、工业控制计算机（IPC）及 LabVIEW 编程语言在国民经济的各个生产领域中被广泛应用（如制造业、运输、航海、航天等）。在科技的发展及社会对交叉型学科人才的迫切需求下，作为工科专业的材料类学科需要利用这些技术开展相关的实践教学环节，以培养符合社会需要的专业人才。本书主要内容为材料加工过程自动化背景下的 LabVIEW 测控实践，要求学习者了解计算机系统在材料科学与工程中各方面的应用现状，熟悉多种类型计算机（PLC、IPC）的应用场合，掌握如何选用各类计算机解决实际工程应用问题，以及形成解决工程实际问题的思路和开发流程。通过书中设置的多个实验，培养和训练学生能将机电类、计算机类课程知识有机结合起来的能力，提高在材料加工与过程控制方面的综合分析能力，以及增强工程问题解决能力，从而提高其就业竞争力。

本书是作者在长期本科实践教学基础上，结合工程项目开发经验编写而成的一本工程实践类教材，可作为材料类专业高年级本科生"材料成型控制综合实验"或相关课程的教材使用，建议采用 2 学分、32 学时进行教学安排。书中开设的实验是在学生对计算机基础、数字电路、模拟电路、材料成型控制基础等课程修完后开设的，是计算机控制技术应用于材料类专业教学的一门交叉学科实验课程。

在此，我们衷心感谢西南交通大学吕其兵教授对本书的审阅和提出的宝贵意见，感谢王俊工程师为本书内容所做的机械设计相关工作，以及郭兴驰研究生对本书的校稿工作。本书在编写过程中还得到了西南交通大学材料学院、西南交通大学资产与设备管理处相关领导及诸多同行的大力支持，在此一并感谢。

由于作者水平所限，书中难免存在疏漏不妥之处，恳请广大读者、专家与同行们不吝赐教，提出宝贵的批评和建议。

作　者

2023 年 11 月于西南交通大学犀浦校区

第 1 章 测控实践用硬件及软件概述

1.1 PLC 概述

1.1.1 PLC 的发展历程与趋势

可编程逻辑控制器（Programmable Logic Controller，PLC），是随着技术的进步与现代社会生产方式的转变，为适应多品种、小批量生产的需要，产生、发展起来的一种新型的工业控制装置。PLC 从 1969 年问世以来，由于其具有通用灵活的控制性能、简单方便的使用性能，以及可以适应多种工业环境的可靠性，因此在工业自动化各领域获得了广泛的应用。

PLC 的发展过程大致可以分为如下几个阶段[1]：

1970—1980 年：PLC 的结构定型阶段。在这一阶段，PLC 基本形成以微处理器为核心的现有 PLC 的结构形式，其原理、结构、软件、硬件趋向统一与成熟。PLC 的应用领域由最初的小范围、有选择使用，逐步向机床、生产线拓展。

1980—1990 年：PLC 的普及阶段。在这一阶段，PLC 的生产规模日益扩大，价格不断下降，使其被迅速普及。各 PLC 生产厂家产品的规格、品种开始系列化，并形成了固定 I/O 点型、基本单元加扩展模块型、模块化结构型这三种延续至今的基本结构模式。PLC 的应用范围开始向顺序控制的全部领域拓展。

1990—2000 年：PLC 的高性能与小型化阶段。在这一阶段，随着电子技术的进步，PLC 的功能日益增强，CPU 运算速度大幅度上升，位数不断增加，使得适用于各种特殊控制的功能模块被不断开发出来，其应用范围由单一的顺序控制向现场控制拓展。此外，PLC 的体积大幅度缩小，出现了各类微型化 PLC。

2000—2010 年：PLC 的高性能与网络化阶段。在这一阶段，PLC 开发了适用于过程控制、运动控制、网络与通信控制的特殊功能模块，为工厂自动化、设备物联网奠定了基础。

2010 年至今：PLC 的智能化阶段。在本阶段，随着云技术、4G/5G 技术、图像处理技术、人工智能技术的飞速发展，PLC 融合多种智能算法并与图像设备、工业机器人等集成，在智能化工厂、工业 4.0 领域得到全面应用。

从当前产品技术性能来看，PLC 发展趋势主要体现在如下几个方面：

（1）体积的小型化：电子产品体积的小型化是微电子技术发展的必然结果。现在，PLC 无论从内部元器件组成还是硬件、软件结构都已经与早期的 PLC 有了很大的不同，其体积被大幅缩小。

（2）性能的提高：PLC 的性能主要包括 CPU 性能与 I/O 性能两大方面。其中，CPU 性能又可以分为基本性能、逻辑运算能力与数据处理能力三部分。

（3）可靠性提升：PLC 应用于各种重要的工业场合，其使用寿命一般在 15~20 年，且在使用过程中基本不停机，因此对 PLC 的可靠性有很高的要求。

（4）网络化与智能化：将云计算和人工智能应用到工业自动化控制系统中具有很强的可行性。在大算力和大数据赋能下，PLC 可以实现软测量、预测诊断、预测维护、实施优化探索和柔性生产。

1.1.2　PLC 在工业控制中的优势

虽然 PLC 生产厂家众多，产品功能相差较大，但与其他类型的工业控制装备相比，它们具有如下共同的特点。

1. 可靠性高、抗干扰能力强

PLC 作为一种通用的工业控制器，必须能够在各种不同的工业环境中正常工作。对不同工作环境的适应能力强，抗外部干扰能力强，平均无故障工作时间（MTBF）长，成为 PLC 在各行业得到广泛应用的重要原因。

PLC 的可靠性与硬件和软件的设计制造密切相关。一般来说，PLC 的主要生产厂家通常都是著名的大型企业，其技术力量雄厚、生产设备先进、工艺要求严格、质量控制与保证体系健全，这从根本上保证了产品的设计与制造质量。

在硬件设计上，为了提高抗干扰性能，PLC 开关量输入/输出线路一般均采用了"光耦"器件，使得 PLC 内部电路与外部电路之间做到了"电隔离"，有效消除了外部电磁干扰对 PLC 内部所产生的影响。同时，PLC 的电源线路与 I/O 回路还设计了多重滤波电路，如 *LC* 滤波器、*RC* 滤波器、数字滤波器等，以减少高频干扰的影响。PLC 的电源一般采用开关电源，对电网的要求较低，在电网大范围波动时仍能可靠地工作。PLC 的主要部件（如 CPU、存储器等）与内部扰源（如内部电源变压器等），在设计上均采取了严格的电磁屏蔽措施，可以有效抑制电磁干扰。此外，在主要元器件如存储器的选择上，一般都采用 ROM、EPROM、EEPROM 等可靠性高的存储器件，用于存储系统程序、用户程序等，保证了系统程序的正常工作。

在软件设计上，PLC 采用了特殊的"循环扫描"工作方式，对输入信号进行的是一次性"采样"。这种工作方式确保在一个 PLC 程序循环周期内，当采样结束后即使实际输入信号的状态发生变化，也不会影响到 PLC 程序的正确执行，从而提高了程序执行的可靠性。同时 PLC 程序采用的是面向用户的专用编程语言，如梯形图、语句表等，其程序编制相对简单、直观、方便，在 PLC 对用户程序进行编译的过程中，还可以对语法、重复线圈等错误进行自动检查，从而保证了用户程序的正确性。另外，在 PLC 软件中，用户程序与系统程序相对独立，通常情况下，用户程序很难影响系统程序的运行，因此 PLC 一般不会出现其他计算机系统中常见的"死机"类故障。以上这些都是保证 PLC 可靠运行的有效措施。

2. 使用方便、灵活

使用方便、灵活是 PLC 能够得到普及的另一个重要原因，它主要体现在硬件使用与软件使用两个方面。

在硬件方面，主要有以下几点：

（1）由于大多数 PLC 都采用了基本单元加扩展单元的模块化结构形式，因此，输入/输出信号的数量、形式、驱动能力等都可以根据实际控制要求进行选择与确定，且在需要时还可以随时更换或增减 I/O 模块。

（2）近年来，PLC 的特殊功能模块越来越多，这些可以满足不同控制要求的特殊功能模块，使得 PLC 的使用更加灵活与方便。

（3）PLC 的动作控制完全由内部程序决定，使用时只需要按照 PLC 的要求简单地连接输入/输出信号即可，外部连线的工作量小，接线错误的可能性低。即使在生产设备或者控制系统需要变更动作、变更控制条件的场合，一般也不需要改变原系统的外部连接（或仅需要做少量调整）。

（4）通过便携式编程器或个人计算机，可以在生产现场随时对 PLC 程序进行调整与修改，也可以对系统的信号与工作状态进行动态监控，调整、维修非常方便。

在软件方面，PLC 的优越性主要体现在它采用了多种面向广大工程设计人员的独特编程语言，如指令表、梯形图、逻辑功能图、顺序功能图等，程序简洁、明了，符合各类技术人员的传统操作习惯。PLC 的编程简单方便，即使没有计算机编程知识也非常容易掌握，特别是梯形图与逻辑功能图，程序形象、直观，动态检测效果逼真，使得 PLC 在企业推广与普及方面比其他工业计算机控制装置更容易。

1.1.3　PLC 的组成

PLC 使用可编程的存储器来存储指令，并实现顺序控制、逻辑运算、算术运算、定时、计数等功能或指令的执行，通过数字量、模拟量的输入、输出来对各种类型的机械或生产过程进行控制。PLC 实质是一种用于工业控制的计算机，其内部硬件结构与微型计算机也基本相似，组成部分介绍如下。

1. 电　源

PLC 的电源模块的作用是将外部输入的电源经过处理，转变成满足 PLC 的 CPU、I/O 接口、存储器等内部电路工作所需要的直流电源。PLC 内部配备有开关式稳压电源，采取了较多抗电磁干扰的措施，与普通电源相比稳定性更好，并且抗干扰的能力也更强。因此，PLC 对于电网提供的电压稳定度要求不高，一般来说允许电压在额定值 15% 范围内波动，所以无须其他措施就可将 PLC 直接连接到交流电网上。

2. 中央处理器单元（CPU）

CPU 是 PLC 的核心部件，能够将各种输入信号存入存储器，然后进行计时、计数、数据处理、逻辑运算、算术运算、通信联网、传送以及其他各种应用程序指令的编译和执行，进行各种数据的运算处理，最后把处理结果传送至输出端口，对各种外部设备的请求做出响应。

3. 开关量输入/输出接口电路

输入接口电路作用是接收、采集外部电路输入的信号，然后将这些信号转换成 CPU 可接受的数字信息。可采集的信号有三大类：无源开关信号、有源开关信号、模拟量信号。按照采集信号可接纳的电源种类可分为直流输入接口、交流输入接口。

输出接口电路作用是将 PLC 的指令进行转换并输送到外部负载以驱动外部电路。按照输出信号的种类可分为数字量输出及模拟量输出两种方式。其中，数字量输出根据工作原理及带负载能力的不同，又分为继电器输出、晶体管输出和双向晶闸管输出等方式。

4. 存储器

PLC 中的存储器主要用于存储用户程序、系统程序和运行时的状态数据。PLC 的存储器种类分为两类：

系统存储器（ROM）：用户无法更改的已经在出厂前就被固化在只读存储器中的部分，用于存放监控程序、系统管理程序以及系统内部数据。

用户存储器（RAM）：包括程序存储器和数据存储器，作用是暂存各种临时数据、用户程序、中间结果等。特点是功耗低，断电就会清除存储的内容。

5. 通信接口电路

PLC 的内部结构及外围电路如图 1-1 所示。

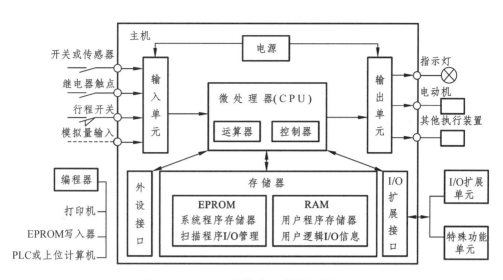

图 1-1　PLC 内部组成及外围电路框图

  PLC 的工作过程是一个三阶段的循环扫描过程，依次是输入采样阶段、程序执行阶段、输出刷新阶段。PLC 系统首先会依照内部程序规定的功能接收存储写入的用户程序和数据，随后核查存储器、电源、I/O、警戒定时器的状态是否良好，并且还能诊断用户程序中的部分语法错误。当 PLC 投入运行时，首先扫描接收现场各输入装置的状态和数据，并分别存入 I/O 映象区，这就是采样的阶段。然后从用户程序存储器中逐条读取用户程序，经过命令解释后按指令的规定执行逻辑或算数运算，并将结果送入 I/O 映象区或数据寄存器内，这是程序执行阶段。等所有的用户程序执行完毕之后，最后将 I/O 映象区的各输出状态或输出寄存器内的数据传送到相应的输出装置，即为输出刷新阶段。如此循环运行，直到设备停止运行。PLC 通电后的工作过程示意如图 1-2 所示。

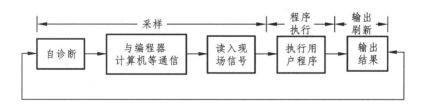

图 1-2　PLC 工作过程框图

1.2　常用伺服系统原理概述

  伺服控制系统属于自动控制系统的一种，它的输出变量通常情况下为机械位置或速度，是使物体的位置、方位、状态等输出被控制量能够跟随输入目标值（或给定值）任意变化的自动控制系统。在多数情况下，伺服系统特指被控制量或者系统的输出量是机械位移、速度、加速度这三个量的反馈控制系统，其功能是确保输出的机械位移或转角精确地跟踪到输入的位移或转角。伺服系统与其他形式的反馈控制系统的结构组成原理相同，其构成框图如图 1-3 所示。

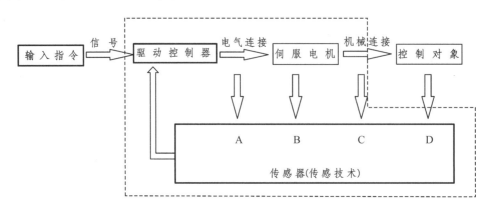

图 1-3　伺服系统构成框图

伺服系统的基本特性是指将频宽远大于执行机构以及负载的其他环节看成是比例环节，如伺服阀、检测环节和伺服放大器等。对伺服控制系统通常有三方面的基本要求，即稳定性、动态性能、稳态性能。伺服系统要具有精度高、稳定性好、响应速度快、负载能力强以及工作频率范围大的特点，与此同时还要求体积小、可靠性高、质量轻、成本低等，主要以频带宽度和精度这两个指标来衡量一个伺服系统的性能。频带宽度简称带宽，主要由系统频率的响应特性来规定，反映出伺服系统跟踪能力快慢特性，带宽和响应速度成正比。伺服系统的频带宽度主要受执行机构惯性以及控制对象的特性限制。惯性越大，频带宽度越窄。一般的伺服系统的带宽在 15 Hz 以下，大型设备伺服系统的带宽在 2 Hz 以下。伺服系统中必须使用精度很高的测量元器件以保证系统的精度，比如磁致伸缩型位移传感器、自整角机、磁尺、精密电位器、旋压变压器等设备或机构。测量元件的带宽是伺服系统精度的主要决定因素。

伺服系统按照调节理论可分为开环伺服系统、半闭环伺服系统、闭环伺服系统；按照使用的驱动元件可分为液压伺服系统、电气伺服系统、气动伺服系统；按照反馈比较控制方式可分为相位比较伺服系统、脉冲/数字比较伺服系统、全数字伺服系统以及幅值比较伺服系统。

伺服系统自问世以来，就被广泛应用于各行各业，如冶金、微电子、运输、机械制造、航空航天、通信工程、军事等，且在未来仍有巨大应用潜力。

1.3　步进系统概述

步进电动机系统是由步进电动机及其驱动控制电路构成的。近二十年来，电力电子技术、微电子技术和微处理器技术的飞速发展，极大地推动了步进电动机驱动控制技术的进步，使其不断完善并趋于成熟。

步进电机又称为脉冲电机，基于最基本的电磁铁原理，结构中包含一种自由旋转的电磁铁，其动作原理则是依靠气隙磁导的变化来产生电磁转矩。步进电机受脉冲信号控制，并把脉冲信号转化成与之相对应的角位移或直线位移。在进行开环控制时，步进电动机的角位移量与输入脉冲的个数严格成正比，角速度与脉冲频率成正比，并在时间上与脉冲同步，因而只要控制输入脉冲数量、频率和绕组通电的相序即可获得所需角位移（或直线位移）、转速和方向。这种增量式定位控制系统几乎无须进行系统调试，成本低，因此步进电机在各种自动仪器设备上得到广泛应用。

通常，步进电动机采用两相混合形式，由定子、转子、机座和端盖组成，如图 1-4 所示。定子上的凸极有 4 个极，极面上均匀分布一定数量的小齿，极上线圈能以两个方向通电。转子也由圆面上均布一定数量小齿的两块齿片等组成，这两块齿片相互错开半个齿距，两块齿片中间夹有一只轴向充磁的环形永久磁钢。每个定子凸极都套有绕组，相对的凸极绕组串联为一相绕组，给定子绕组按 $A\overline{A}$ 相先通电然后断电，$B\overline{B}$ 相再通电后再断电，依此循环，因磁通要沿最小路径闭合，产生的磁动势与转子的永久磁钢产生的磁动势相互作用，产生电磁转矩，使转子运动。

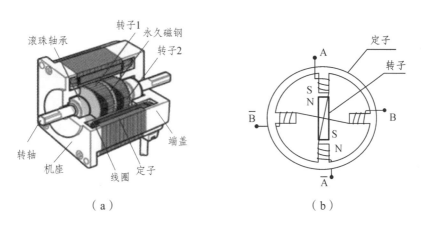

图 1-4　步进电动机的结构

每向步进电动机输入一个电脉冲信号时，电动机转子转动的角度叫作步距角，记为 θ，而当转子转动一周则需要的脉冲数 pls 如式（1-1）所示：

$$pls = \frac{360}{\theta} \qquad\qquad (1\text{-}1)$$

假设步进电动机的输入频率为 f（Hz），则电动机的转速 n 如式（1-2）所示：

$$n = \frac{f}{pls}\text{r/s} = \frac{f \times \theta \times 60}{360}\text{r/min} \qquad\qquad (1\text{-}2)$$

步进电动机是不能直接与交直流电源相接的，而是通过步进驱动器与控制设备相连接才能正常工作。步进驱动器在步进系统中充当一种将电脉冲转化为角位移的执行机构，一般由环形脉冲分配器和脉冲信号放大器组成，步进电动机控制原理如图 1-5 所示。

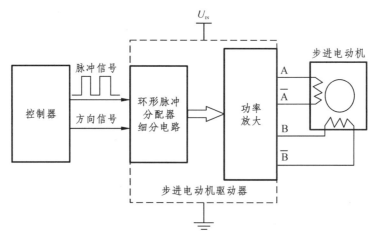

图 1-5　步进电动机控制原理图

步进驱动器的环形脉冲分配器主要是用来接收控制器发生的单路脉冲串，然后经过一系列由门电路和触发器所组成的逻辑电路后将其变成多路循环变化的脉冲信号，经脉冲信号放大器功率放大后直接送入步进电动机的各相绕组中，驱动步进电动机的运行。步进驱动器必须和步进电动机配套使用，二者相数需要相同。功率放大与处理电路则是将由环形分配器送入的信号进行放大，变成能够足以推动驱动电路的输出信号。

步进电动机控制原理图中的细分是指步进驱动器的细分步进驱动，也叫步进微动驱动，它的作用是将步进电动机的一个步距角细分为 m 个微小的步距角进行步进运动，m 称为细分数。采用细分驱动技术可以大大提高步进电动机的运行分辨率，减小转矩波动，避免低频共振并降低运行噪声。

书中采用了深圳市硕科（SHUOKE）数控科技有限公司生产的 M4505-Ⅱ（A）型步进电动机驱动器，其接线端的使用方法表如表 1-1 所示。

表 1-1　步进电机接线端使用方法说明

功能	标号	说明
输出信号	A+	步进电动机 A 相
	A-	
	B+	步进电动机 B 相
	B-	
电源输入 DC 12～36 V	GND	直流电源负
	V+	直流电源正
输入信号	Pu+/Pu-	脉冲信号，5 V 脉冲（24 V 信号要串联 2～3 kΩ 电阻）
输入信号	Dr+/Dr-	方向信号，5 V 脉冲或方向（24 V 信号要串联 2～3 kΩ 电阻）
24 V	24 V	（1）用在 EN-/LL-/RL-/O- 输入公共端，RUN 输出 24 V 信号；（2）用在 ln1～4 的输入公共端；（3）两个 24 V 信号内部不相连接
输入信号	EN-	使能信号（接 0 V 或不接正常运行，接 24 V 电机停止）
输入信号	LL-	左限位负接入信号 0 V 有效（需 24 V 信号输入）
输入信号	RL-	右限位负接入信号 0 V 有效（需 24 V 信号输入）
输入信号	O-	原点负接入信号 0 V 有效（需 24 V 信号输入）
输入信号	RUN	运行中输出信号（24 V 信号）：信号 0 为<2 V；信号 1 为>22 V
RS232 通信	GND/TX/RX	RS232 通信接口
RS485 通信	+485-	RS485 通信接口
外接命令功能	Ln1/Ln2/Ln3/Ln4	使用外接 I/O 信号（24 V）来取代软件通信命令，可以更加灵活控制和使用

1.4　交流变频调速原理概述

根据电机学原理，工作电源输入频率与电机转速之间的关系如式（1-3）所示：

$$n = \frac{60f}{p}(1-s) \tag{1-3}$$

式中，n 表示转速；f 表示输入频率；s 表示电机转差率；p 表示电机磁极对数。由式（1-3）可知，改变供电频率 f、电动机的磁极对数 p 及转差率 s 均可达到改变转速的目的。

从调速的本质来看，不同的调速方式无非是通过改变交流电动机的同步转速或不改变同步转速两种来实现的。在生产机械中广泛使用的不改变同步转速的调速方法有绕线式电动机的转子串电阻调速、斩波调速、串级调速以及应用电磁转差离合器、液力偶合器、油膜离合器等调速。改变同步转速的方法有改变定子极对数的多速电动机，改变定子电压、频率的变频调速以及无换向器电动机调速等。从调速时的能耗观点来看，有高效调速方法与低效调速方法两种。高效调速指时转差率不变，因此无转差损耗，如多速电动机、变频调速以及能将转差损耗回收的调速方法（如串级调速等）。有转差损耗的调速方法属低效调速，如转子串电阻调速方法，能量就损耗在转子回路中；电磁离合器的调速方法，能量损耗在离合器线圈中；液力偶合器调速，能量损耗在液力偶合器的油中。一般来说，转差损耗随调速范围扩大而增加，如果调速范围不大，能量损耗是很小的。

变频调速主要由变频器和控制器两大部分组成。变频器的作用是将新接收的三相电源转换为频率可调节的三相电源。

变频器是一种把工频电源（50/60 Hz）变换成各种频率的交流电源，以控制电机变速运行的装置。变频器主要由主电路和控制电路构成，其中主电路包括整流电路和逆变电路两部分，控制电路完成对主电路的控制。通用变频器结构原理如图 1-6 所示。

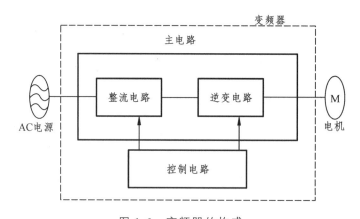

图 1-6 变频器的构成

1.5 可编程逻辑控制器（PLC）实验仪

1.5.1 PLC 实验仪系统组成与结构

1. PLC 试验仪系统组成

可编程逻辑控制器（PLC）实验仪及实验系统主要包括计算机、可编程逻辑控制器实验箱和数据线等。其中，数据线选用 SC-09 型 PLC 编程通信转换电缆，用于计算机与 PLC 之间传输数据、发送指令等使用，其组成如图 1-7 所示。

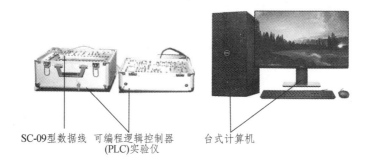

SC-09型数据线　可编程逻辑控制器　　台式计算机
(PLC)实验仪

图 1-7　可编程逻辑控制器（PLC）实验仪及实验系统的组成

2. PLC 实验仪结构

PLC 实验仪主要包括上箱和下箱两大部分。下箱主要包括可编程逻辑控制器（PLC）、电梯模拟控制实验项目和运料小车模拟控制实验项目，其组成如图 1-8 所示。其中，PLC 控制器是该实验仪进行模拟实验的控制核心，选用三菱公司 FX2N 型 PLC，其输入输出端口能很好满足本实验的要求。

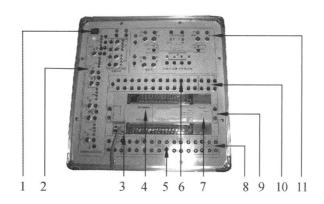

1　2　　　3　4　5　6　7　　　8　9　10　11

1—电源开关；2—电梯模拟控制实验；3—数据线；4—可编程控制器（FX2N-48MT）；5—输出点；
6—输入点；7—A/D 模块（FX0N-3A）；8—模块输出；9—5 V 电源；10—模块输入；
11—运料小车模拟控制实验。

图 1-8　可编程逻辑控制器（PLC）实验仪下箱结构

PLC 上箱组成如图 1-9 所示，主要包括水位模拟控制实验、十字路口交通灯模拟控制实验、七段数码显示实验、模拟步进电机实验、四节传输带模拟控制实验、装配流水线模拟控制实验、挖掘机模拟控制实验等七个实验项目。

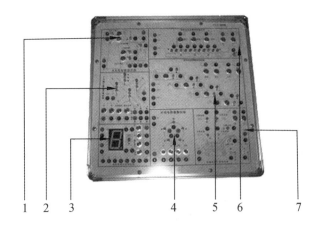

1—水位模拟控制实验；2—十字路口交通灯模拟控制实验；3—七段数码显示实验；4—模拟步进电机实验；
5—四节传输带模拟控制实验；6—装配流水线模拟控制实验；7—挖掘机模拟控制实验。

图 1-9　可编程逻辑控制器（PLC）实验仪上箱结构

1.5.2　PLC 实验仪的主要功能

由于 PLC 具有可靠性高、抗干扰能力强、内部有丰富的 I/O 接口模块、使用灵活、编程简单易学、系统的安装简单和维修方便等突出优点，其在工业控制中获得了广泛应用，包括机械、冶金、化工、电力、运输及建筑等众多领域。可编程逻辑控制器的主要应用集中在以下几个方面。

1. 逻辑控制

逻辑控制是 PLC 的最基本的应用，它可以取代传统的继电器控制装置，如机床电器控制、各种电机控制等，可以实现组合逻辑控制、定时逻辑控制和顺序逻辑控制等功能。目前，PLC 的逻辑控制功能相当完善，可用于单机控制，也可用于多机群控制及自动生产线控制，其应用领域已经遍及各行各业。本书涉及的 PLC 实验大多包含逻辑控制。

2. 运动控制

PLC 使用专用的运动控制模块，可对直线运动或圆周运动的位置、速度和加速度等进行控制，实现单轴、双轴和多轴位置控制，并使运动控制和顺序控制功能有机结合起来。一般来说，PLC 的运动控制功能可用于各种机械，如电机正反转控制、电梯控制、运料小车控制等。

3. 闭环过程控制

闭环过程控制一般是对温度、压力、流量等连续变化的模拟量的闭环控制。PLC

通过其内部的模拟量 I/O 模块、数据处理及数据运算等功能，实现对模拟量的闭环控制。在现代工业中，一般的大型 PLC 都具有闭环控制等功能。

此外，PLC 还具有数学运算、数据传输、转换、排序和查表等数据处理功能，以 PLC 之间、PLC 与其他智能设备之间的通信功能等，可以完成数据采集、分析和处理等操作，组成"集中管理、分散控制"的分布式控制系统。

1.5.3　PLC 实验仪相关电路及原理介绍

PLC 实验仪的主要器件是 PLC 和 A/D 转换模块。实验仪的面板上分别设置有 PLC 的开关电平输入/输出（I/O）端口，A/D 转换模块的两路电流、电压信号输入和一路电流、电压信号输出端口，九个实验项目模块的开关电平输入/输出（I/O）端口。每个实验项目的实验结果通过对应连线、按键动作和 LED 灯显示完成。其中，按键动作作为可编程逻辑控制器的输入，低电平有效；而 LED 亮灯作为可编程逻辑控制器的输出，也是低电平有效。数码管采用一位共阴极七段码显示块，其字形显示为共阴极代码。拨码开关为 8421 码。

1.6　PLC 编程软件概述

随着现代工业设备自动化程度不断提高，越来越多的工厂设备采用 PLC、变频器、人机界面等自动化器件进行控制，因此对设备维护人员的技术要求也越来越严格。作为一名合格的技术人员，需要掌握的技能也越来越多，越来越全面性，以此来满足自动化的发展要求，其中熟悉与设备相关的资料及软件成为一项必须具备的能力。

近二十年来，可编程控制器的生产厂家迅速增加，PLC 的种类更为繁多。例如，美国通用电气公司（GE）推出了 SERIES、GE 等系列，德州仪器公司推出了 TI、PM 等系列，歌德公司（GM）推出了 MICRD 等系列；日本三菱电机公司推出了 F、FX、A、K 等系列，立石电机公司推出了 OMRONC 等系列，日立公司推出了 D、E 等系列，富士电机公司推出了 HDC、MICREX-F50 等系列；德国西门子公司（SIMENS）推出了 SIMATICS5、S7 系列等。

各种不同的 PLC 需要使用不同的 PLC 编程软件。目前，最常用的是三菱、OMRON、AB 以及西门子公司的软件。本节将主要介绍三菱公司的 SWOPC-FXGP/WIN-C 编程软件。

1.6.1　SWOPC-FXGP/WIN-C 编程软件的启动

启动 SWOPC-FXGP/WIN-C 编程软件（见图 1-10），启动后的界面如图 1-11 所示。

图 1-10　SWOPC-FXGP/WIN-C 编程软件的启动

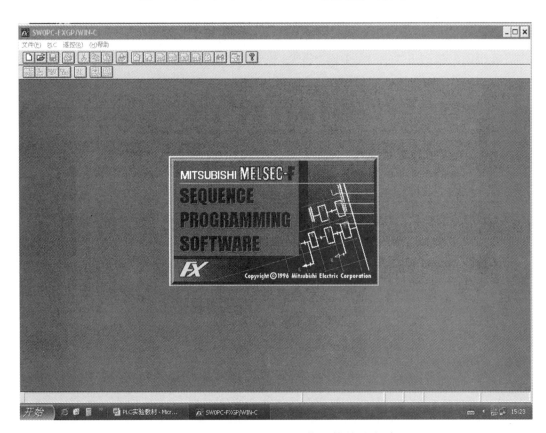

图 1-11　SWOPC-FXGP/WIN-C 编程软件的启动界面

　　此时，选择图 1-11 中文件菜单下面的"新建（N）"按钮，并选择适当的 PLC 型号（本书采用的 PLC 型号为 FX2N/FX2NC），如图 1-12 所示。

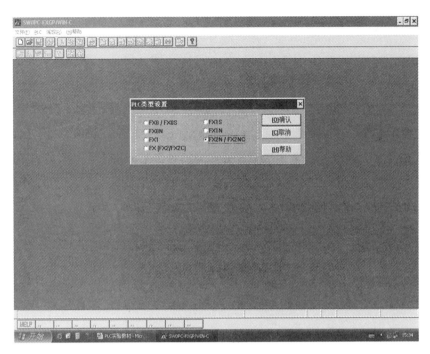

图 1-12　新建文件及选择 PLC 型号

　　点击"确认"键，即可进入 SWOPC-FXGP/WIN-C 编程软件主界面，如图 1-13
所示。

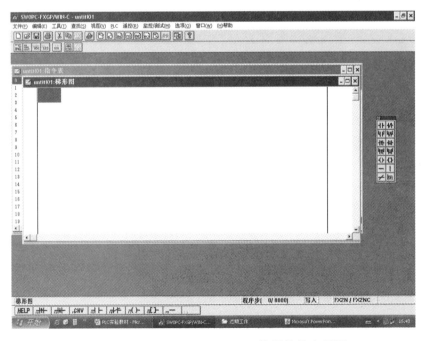

图 1-13　SWOPC-FXGP/WIN-C 编程软件主界面

1.6.2　SWOPC-FXGP/WIN-C 编程软件主界面介绍

SWOPC-FXGP/WIN-C 编程软件主界面包括文件名称区、菜单区（包含 11 个主菜单项）、工具条（快捷按钮）、指令表、梯形图、注释区等，如图 1-14 所示。

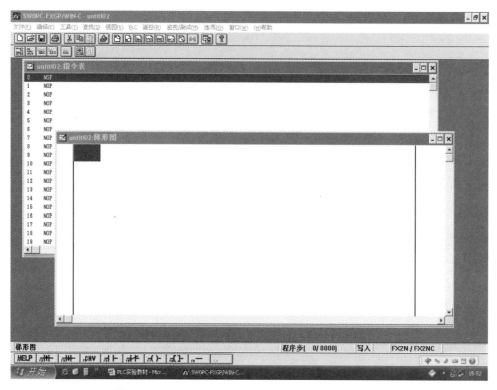

图 1-14　SWOPC-FXGP/WIN-C 编程软件主界面

1. 文件名称区

文件名称区位于图 1-14 顶端最左侧，该区通常包括软件图标、SWOPC-FXGP/WIN-C 字样及文件名称，软件图标和 SWOPC-FXGP/WIN-C 之间用空格分开，SWOPC-FXGP/WIN-C 和文件名称之间用连接符 " − " 分开，文件的扩展名称为 ".pwm"。当新建一个文件时，文件名称默认为 "untitl01.pwm"，打开多个文件时名称中的数字依次累加。

2. 菜单区

和许多常用的软件类似，SWOPC-FXGP/WIN-C 编程软件的菜单区几乎包含了所有的命令、操作与设置。SWOPC-FXGP/WIN-C 编程软件的菜单区如图 1-15 所示。

文件(F)　编辑(E)　工具(T)　查找(S)　视图(V)　PLC　遥控(R)　监控/测试(M)　选项(O)　窗口(W)　(H)帮助

图 1-15　菜单区

需要说明的是，在菜单选项中，如果某个子菜单后面跟有组合键，则表示该组合键为该操作的快捷方式；若子菜单后面有"▶"符号，则表示该子项下面还有子菜单；若后面有"…"，则表示点击该子菜单将弹出一个对话框。

1）文件菜单

文件菜单的选项和其他软件类似，主要用于新建文件、打开已经建好文件、保存文件以及对整个页面进行设置和打印等相关设置。

2）编辑菜单

编辑菜单主要对梯形图或指令表进行复制、剪切、粘贴、删除等操作。对梯形图，还包括行操作（行删除、行插入）、块选择以及对元器件、线圈及程序块添加注释等。

3）工具菜单

工具菜单主要功能是对 PLC 输入程序进行操作，主要包括对输入输出元器件的操作以及对输入程序的转换等，如图 1-16 所示。

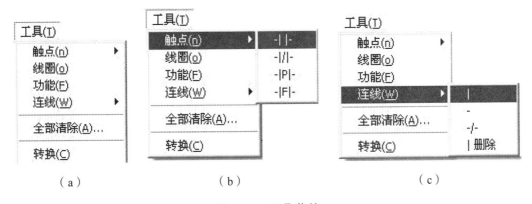

图 1-16 工具菜单

点击图 1-16（a）中"触点"，弹出内容如图 1-16（b）所示，根据编程需要点击其右列输入元件，即可弹出对应的输入框。

点击图 1-16（a）中"线圈"和"功能"，将分别弹出输入元件和输入指令对话框。

点击图 1-16（a）中"连线"，弹出内容如图 1-16（c）所示，根据编程需要点击其右列的各种选项，即可实现梯形图的对应操作。

点击图 1-16（a）中"全部清除"，即可实现对已经编好的程序进行修改。

点击图 1-16（a）中"转换"，即可将正在编辑的一行程序输入到梯形图中来。

4）查找菜单

查找菜单主要功能是对程序中已经使用的各种元件、触点及元件地址进行查找。查找菜单如图 1-17 所示。

点击图 1-17 中"到顶""到底",可将光标移动到梯形图最顶部和结尾处。

点击图 1-17 中"到指定程序步",将弹出"到指定程序步"对话框,在"步数"一栏中输入相应的数值,点击"确定",则光标执行到梯形图指定位置。输入的数值可以保存在"步数"一栏下拉菜单中。

点击图 1-17 中"元件名查找""元件查找""指令查找"及"触电/线圈查找",将弹出相应的对话框,在相应的栏中输入需要查找的项目,确定后即可执行。通过选择"使用法"一栏中的选项,还可以对查找方向进行选择。

点击图 1-17 中"改变元件地址""改变触点类型"及"交换元件地址",将弹出相应的对话框,在相应的栏中输入需要改变或交换的项目,确定后即可执行。

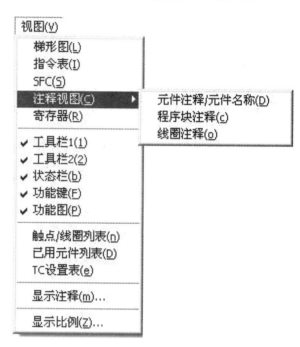

图 1-17　查找菜单　　　　　　　　图 1-18　视图菜单

5)视图菜单

视图菜单主要功能是实现梯形图、指令表及 SFC(顺序功能图)之间的切换,并可对程序中的元件、程序块及元件名进行注释等,如图 1-18 所示。

点击图 1-18 中的"梯形图""指令表"及"SFC",可进行同一程序下的梯形图、指令表及 SFC 切换。

点击图 1-18 中的"注释视图""寄存器",可对相关的元件、元件名、程序块、线圈进行注释,并对寄存器元件进行设置。

点击图 1-18 中的"工具栏 1",弹出栏目如图 1-19 所示,并置于菜单区下方。

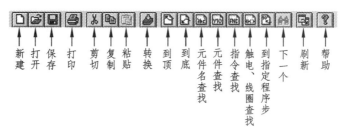

图 1-19　工具栏 1

点击图 1-18 中的"工具栏 2",弹出栏目如图 1-20 所示。其中,梯形图视图、指令表视图及注释视图分别用于控制操作区的梯形图视图、指令表视图和注释视图的显示。寄存器视图用于对元件、显示格式、数据大小和显示模式进行设置。注释显示设置和停止监控一般情况下为灰色,表示此状态下该功能不可用。开始监控主要用于将程序输送给 PLC 之后启动程序进行控制,当未将程序写入 PLC 时而点击开始监控,结果将显示为"通讯错误";当将程序写入 PLC 并按下"开始监控"后,用户通过梯形图便可以对程序的运行状态进行检测,亦可对程序中的错误进行检查。只有当"开始监控"启动后,才可执行"停止监控"。

击图 1-18 中的"功能图",弹出栏目如图 1-21 所示,主要为梯形图编辑时一些常用的输入元件。

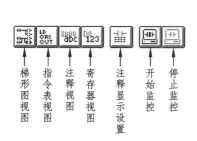

图 1-20　工具栏 2

图 1-21　功能图

点击图 1-18 中的"状态栏",弹出栏目如图 1-22 所示。其中,最左边的"梯形图"表示操作区在进行梯形图设计工作,"程序步"中的"97"表示目前已写入程序的步数,"8000"表示程序可以写入的最多步数,"写入"表示程序设计者正在向梯形图写入程序,而"FX2N/FX2NC"表示选用的 PLC 型号。

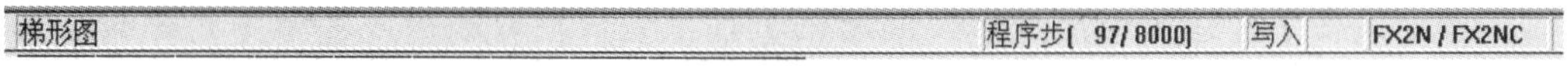

| 梯形图 | | 程序步(97/8000) | 写入 | FX2N / FX2NC |

图 1-22　状态栏

点击图 1-18 中的"功能键",弹出栏目如图 1-23 所示。点击图 1-18 中的其余的键将分别弹出相应的对话框,此处就不再详述。

图 1-23　功能键

6)PLC 菜单

PLC 菜单主要功能是对已经写好的程序在 PLC 与计算机及寄存器之间进行传送,并对其通信端口、串口等进行设置,还可在程序运行中进行编辑等,如图 1-24 所示。

点击图 1-24 中的"传送"→"读入"选项,可以将 PLC 程序从 PC 读入 PLC 中。在读入过程中,将弹出如图 1-25 所示的对话框,通过选择"范围设置",结合图 1-22 状态栏中的程序步数(97/8000),输入稍大于该程序步数的数值,点击"确定"即可进行程序的输出。

当 PLC 的端口设置不正确时,程序将不能被写入 PLC 中,此时,通过点击图 1-24 中的"端口设置"选项,选择正确的端口即可。

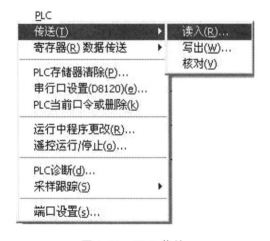

图 1-24　PLC 菜单

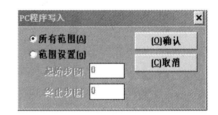

图 1-25　PC 程序写入

7)监控/测试菜单

监控/测试菜单主要对程序的运行状态及元件进行监控,必要的时候可以强制执行 PLC 的输出端口以及对 PLC 位元件重新设置,如图 1-26 所示。

当发现程序在运行中出现错误或者某个输出元件没有输出或输出不正确时,可以通过选择"强制 Y 输出"选项,以判断其他程序步是否正确。

图 1-26　监控/测试菜单

8）其他菜单

此外，"选项"菜单提供了对程序进行语法、双线圈及线路进行检查的功能，并可实现对串口、元件范围、PLC 类型、字体等相关参数进行设置；"窗口"菜单主要可以对梯形图及指令表的排列方式进行操作；若在使用该软件时遇到困难，通过"帮助"菜单可以方便地找到解决办法。

3. 工具条区

工具条区对应着菜单区视图菜单下几个带钩的栏目，为用户提供了便捷的功能按钮。

4. 操作区

操作区主要包括梯形图和指令表的操作区间，是编程软件的核心部分。这两个区间可以通过点击图中的梯形图视图和指令图视图进行切换。

5. 注释区

对梯形图或指令表进行相关注释的区域。

1.6.3　SWOPC-FXGP/WIN-C 梯形图编程操作

一般来说，PLC 控制系统设计过程主要包括熟悉被控对象、PLC 选型及确定硬件配置、设计 PLC 的外部接线、设计 PLC 控制程序、程序调试和编制技术文件等步骤。

其中，设计 PLC 控制程序是 PLC 控制系统设计中重要的内容之一。对于比较简单的控制程序，可以使用经验法设计直接设计出梯形图；对于比较复杂的系统，一般要首先分析出该系统的工艺流程，然后再设计 PLC 的控制梯形图。

一般来说，梯形图是在传统的电器控制电路图的基础上演变而来的，在形式上类似于电器控制电路，主要由触点、线圈和用方框表示的功能块组成。触点一般代表逻辑输入条件，如外部的开关、按钮和内部条件等；线圈一般代表逻辑输出结果，主要用来控制外部的负载或内部的输出条件；方框一般用来表示计数器、计时器或数学运算等功能指令。

设计梯形图是 PLC 控制程序的关键，梯形图设计时的主要操作规则如下：

（1）梯形图按"自上而下，从左到右"的顺序绘制。与每个继电器线圈相连的全部支路形成一个逻辑行，即一层阶梯。它们形成一组逻辑关系，控制一个动作。如图 1-27 所示，每一逻辑行起于左母线，终于右母线。继电器线圈与右母线直接连接，不能在继电器线圈与右母线之间连接其他元素。

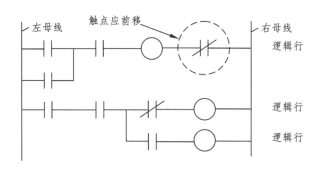

图 1-27　梯形图编程规则（1）

（2）在每一个逻辑行上，当几条支路并联时，串联触点多的应安排在上面，如图 1-28（a）所示；几条支路串联时，并联触点多的应安排在左面，如图 1-28（b）所示。这样可以减少编程指令。

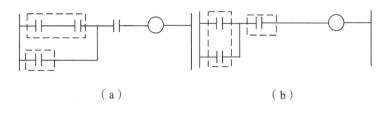

（a）　　　　　　　　　　　（b）

图 1-28　梯形图编程规则（2）

（3）梯形图中的触点应画在水平支路上，不应画在垂直支路上；不包含触点的支路应放在垂直方向，不应放在水平方向，如图 1-29 所示。这样的梯形图逻辑关系清楚，可以方便编程。

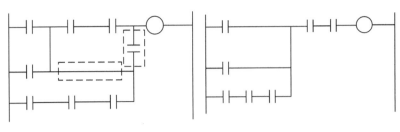

（a）不合适的画法　　　　　　　（b）正确的画法

图 1-29　梯形图编程规则（3）

（4）在梯形图中的一个触点上不应有双向电流通过，如图 1-30（a）中元件 3 所示，这种情况下不可编程。遇到这种情况，应将梯形图进行适当变化，变为逻辑关系明晰的支路串、并联关系，并按前面的几项原则安排各元件的绘制顺序，如图 1-30（b）所示。

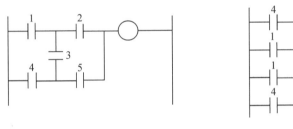

（a）不可编程的梯形图　　　　　（b）变换后的梯形图

图 1-30　梯形图编程规则（4）

（5）在梯形图中，如果两个逻辑行之间互有牵连，逻辑关系又不清晰，应将梯形图进行变化，以便于编程。图 1-31（a）所示的梯形图可变化为图 1-31（b）所示的梯形图。

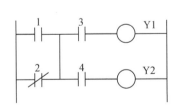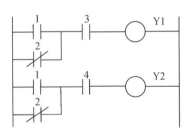

（a）逻辑关系不清晰的梯形图　　　（b）变换后的梯形图

图 1-31　梯形图编程规则（5）

（6）在梯形图中任一支路上的串联触点、并联触点及内部并联线圈的个数一般不受限制。在中小型 PLC 中，由于堆栈层次一般为 8 层，因此连续进行并联支路块串联操作、串联支路块并联操作等的次数，一般应不超过 8 次。

编写程序过程中要及时对编出的程序进行注释，以免忘记其间的相互关系。注释应包括程序段功能、逻辑关系、设计思想、信号的来源和去向等的说明，以便于程序的阅读和调试。

1.7　LabVIEW 编程软件概述

1.7.1　LabVIEW 编程软件概述

LabVIEW（Laboratory Virtual Instrument Engineering Workbench，实验室虚拟仪器集成环境），是由美国国家仪器（National Instruments，NI）公司创造、开发的一个系统级、功能强大而又十分灵活高效的"虚拟仪器"应用软件开发工具（环境）。LabVIEW 的核心概念是虚拟仪器（技术），其最大特色是采用 G（Graphical Programming，图形编程）语言进行虚拟仪器应用程序的设计和开发。所以，LabVIEW 的程序也被称为 VI（Virtual Instrument，虚拟仪器）。

通俗来讲，LabVIEW 是一个符合工业标准的系统级虚拟仪器应用软件开发平台，它包括了采用图形化的虚拟仪器应用程序的设计方法及项目管理、调试、运行、发布等一整套环节。

LabVIEW 的基本特点有：

（1）LabVIEW 采用了创新的图形化编程方法，大大地提高了程序设计的效率。使用它可以满足用户"所想即所得"，这样更能激发人的创造性思维。就整个自动化测量和自动化控制行业来看，目前还没有比 LabVIEW 更便捷、更合适的虚拟仪器应用程序设计平台。

（2）LabVIEW 开发的程序基于数据流的运行方式，适应了当代计算机的多线程技术和多核技术的发展。在多核计算机的发展趋势下，LabVIEW 将更加显现出它的优势。

（3）LabVIEW 已经广泛用于工业测量的各个领域，成为事实上的通用工业标准。与此同时，它在嵌入式、FPGA、PDA、DSP、实时控制等领域也发挥着巨大的作用。学习使用 LabVIEW 可以让用户站在技术发展的前沿，受益终身。

（4）LabVIEW 内置了丰富的数据分析、处理函数，数量多达数百个。从实际应用的角度出发，它还提供了大量的实例供使用者参考。此外 NI 公司的网站更是内容丰富，资料齐全，这些都为 LabVIEW 的学习者提供了强大的帮助。

因此，NI 研发的 LabVIEW 一经推广就广泛被工业界、学术界和研究实验室所接受，并被视作为一个标准的数据采集和仪器控制软件。LabVIEW 可以满足各种苛刻的工业应用领域，例如振动监控、高级 I/O、高速模拟信号采集、控制和视觉等高级处理应用，以及和工业硬件的通信。不仅如此，LabVIEW 还可以将自己的可编程自动控制器（PAC）集成到其他的测量和控制系统中，作为附加的功能。LabVIEW 的优势如图 1-32 所示。

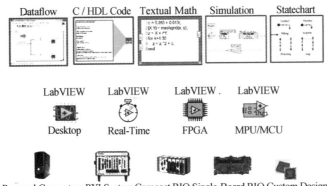

图 1-32　LabVIEW 支持调用的文本语言代码及连接各种硬件

在工业中，测量和控制的应用通常涉及机器状态的监控、机器视觉、分布式监控以及功率监控、机器自动化、集成的测试和控制等，这使 LabVIEW 在航空、航天、通信、汽车、半导体和生物医学等全球众多领域得到了广泛的应用。

1.7.2　软件的安装

1. LabVIEW 编程软件的安装

（1）运行 LabVIEW 的安装包程序 Autorun.exe，出现如图 1-33 所示的安装界面。

图 1-33　LabVIEW 的安装包程序启动界面

（2）选定软件的安装路径，并根据需要选定需要安装的 LabVIEW 组件，单击"下一步"开始安装，如图 1-34 所示。

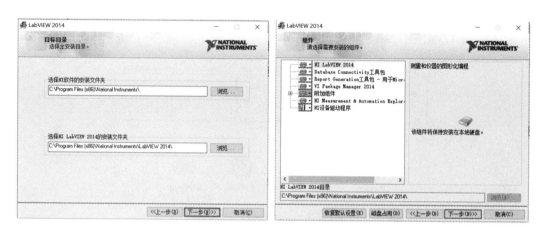

图 1-34　选择软件安装路径及需要安装的组件

（3）等待软件安装完成，如图 1-35 所示，激活后即可使用。

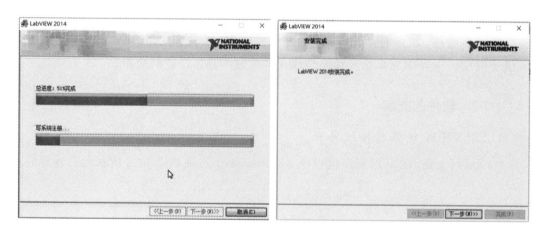

图 1-35　等待软件安装完成

2. VISA 模块的安装

为了实现对通用串口设备的通信控制，如控制计算机串口和 PLC 编程口的数据通信，需要安装 LabVIEW 的串口通信（VISA）模块。

（1）双击 VISA 模块安装包，弹出如图 1-36 所示的安装界面。

（2）选定软件的安装路径，并根据需要选定需要安装的 VISA 组件，单击"Next"开始安装，如图 1-37 所示。

图 1-36　VISA 模块软件安装界面

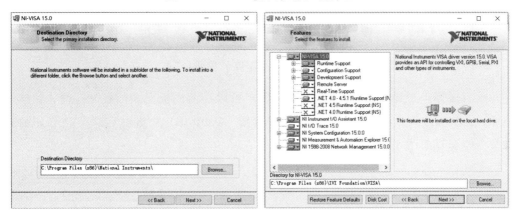

图 1-37　选择 VISA 模块安装路径及安装组件

（3）等待软件安装完成，如图 1-38 所示，安装完成后即可使用。

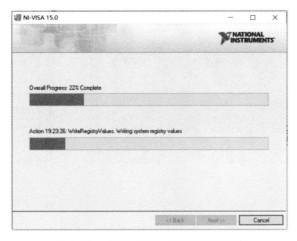

图 1-38　等待 VISA 模块安装完成

1.7.3 LabVIEW 基本开发环境介绍

LabVIEW 软件的 VI 程序由三部分组成, 分别是前面板、程序框图、图标/连线, 如图 1-39 所示。

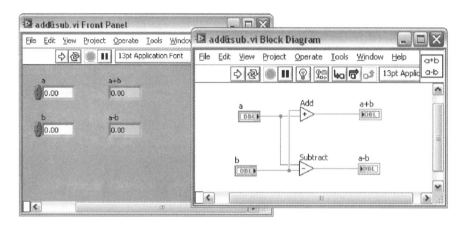

图 1-39 VI 程序的组成

前面板相当于界面, 每个 VI 都有。用户可以在前面板上添加各种控件, 如输入控件、显示控件等, 这些控件可以从控件选板（Controls）中进行选取。VI 程序前面板及控件选板如图 1-40 所示。

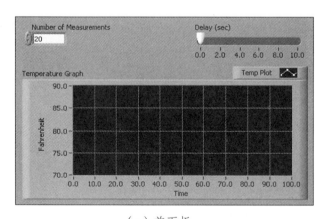

（a）前面板　　　　　　　　　　　（b）控件选板

图 1-40 VI 程序的前面板及控件选板

程序框图中包含了图形化的程序代码, 这些代码决定了程序的运行行为, 可以通过函数选板（Functions）进行添加，包括终端、子 VI、函数、常数、结构、连线等。VI 程序框图及函数选板如图 1-41 所示。

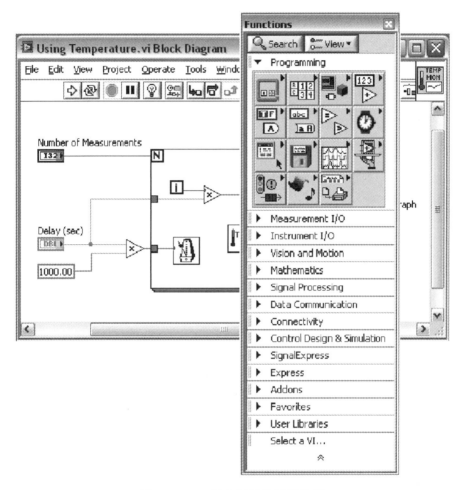

图 1-41　VI 程序框图及函数选板

程序框图中的连线通常通过颜色、类型、粗细来表示不同的数据类型，且不同的数据类型之间连线不当会产生错误。数据类型连线的定义如图 1-42 所示。

	DBL Numeric	Integer Numeric	String
Scalar			
1D Array			
2D Array			

图 1-42　不同数据类型连线的定义

LabVIEW 的工具选板中可以选择各种工具进行编程操作，包括连线、拖拽、文字、着色、设置断点等，工具选板图标如图 1-43 所示。

图 1-43　VI 程序工具选板

第 2 章　熟悉 PLC 编程

2.1　PLC 的开关量控制实验

2.1.1　实验任务

在实际生产中，生产线或装配线通常由很多工位构成，每个工位负责不同的工序。AGV（Automated Guided Vehicles，自动导引车）通常被用于在各工位之间进行物料及半成品的传输。本小节实验旨在编写 PLC 程序以控制 AGV 小车在两个工位之间的物料输送。

重点：定时器的使用；开关量的互锁控制。

2.1.2　实验目的

（1）熟悉可编程序控制器的使用方法。

（2）练习梯形图编程，掌握 PLC 编程软件的使用及计算机通信接口设置、程序的修改和调试。

（3）掌握辅助继电器和定时器的使用方法。

（4）熟悉利用可编程序控制器对简单系统进行控制的过程。

2.1.3　实验内容

用三菱 FX2N 型 PLC 实现运料小车模拟控制，如图 2-1 所示。

（1）在充分分析被控制对象的前提下，清楚其工作过程，写出控制要求。

（2）编制出相应的梯形图，转换成指令之后，写入 PLC 中进行调试。

2.1.4　实验仪器、设备及材料

（1）PLC-1E 实验箱：1 个。

（2）连接导线：若干。

（3）SC-09 型 PLC 编程通信转换电缆：1 根。

（4）工控机：1 台。

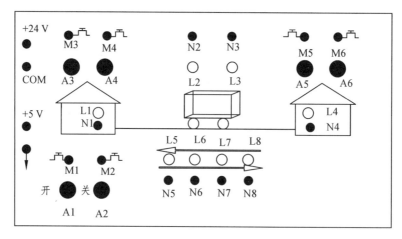

图 2-1　PLC 实现运料小车模拟控制图

2.1.5　实验原理

运料小车在仓库 1 和仓库 2 之间运动，如图 2-1 所示。L2 亮表示小车处于运行状态，L3 亮表示小车处于停止状态。L1 亮表示小车在仓库 1，L4 亮表示小车在仓库 2。L5、L6、L7、L8 模拟小车的运动过程。按下按钮 A3（仓库 1 的小车启动），小车由仓库 1 运动到仓库 2；当小车到达仓库 2 时，按下按钮 A6（仓库 2 的小车停止），小车进入仓库 2 并停止。按下按钮 A5（仓库 2 的小车启动），小车由仓库 2 运动到仓库 1；当小车到达仓库 1 时，按下按钮 A4（仓库 1 的小车停止），小车进入仓库 1 并停止。

2.1.6　实验步骤

（1）把实验箱左箱上的 O/0、O/1、O/2、O/3、O/4、O/5、O/6、O/7 分别与左箱运料小车模拟控制实验模块上的 N1、N2、N3、N4、N5、N6、N7、N8 接线柱接通，I/0、I/1、I/2、I/3、I/4、I/5 与 M1、M2、M3、M4、M5、M6 接通。

（2）把 PLC 主控制器旁边 24 V 的 COM 端接到此模拟实验的 COM 端上，旁边的 +5 V 端接到此模拟实验的 +5 V 端，主控制器输出端所用到的 COM 口相互并联后再接到 5 V 的地端。

（3）输入程序，检查无误后运行程序。

2.1.7　PLC 程序的下载

编写好 PLC 程序后，需要设置通信参数并将程序写入 PLC 存储器中。

当 PLC 与计算机完成通信线的硬件连接后，在"我的电脑"里查看计算机设备管理器，查看通信线所使用的 COM 端口。如本机的通信线连接端口为 COM1，则回到 PLC 编程软件 GX-Developer 主界面，选择"在线"菜单，在下拉菜单中选择"传输设置"，并在弹出的对话框中对"串行 USB"进行设置，在下拉端口菜单中选择"COM 1"然后点击通信测试，显示与 PLC 连接成功后，则可以继续将编写好的程序写入 PLC 中。端口设置如图 2-2 以及图 2-3 所示。

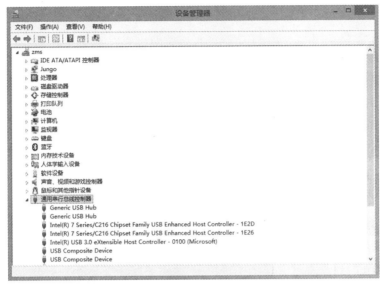

图 2-2　找到本机端口

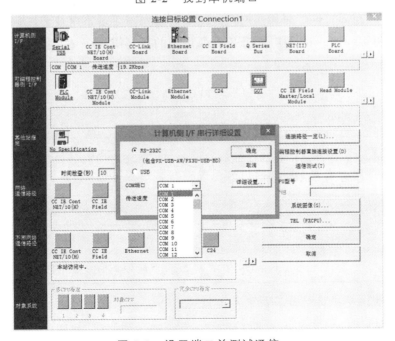

图 2-3　设置端口并测试通信

2.1.8 实验注意事项

（1）串口拔插一定要断电进行。

（2）实验箱电源一定注意不要短路，PLC 输出的电源也禁止短路。

（3）连接导线时一定要仔细，以防损坏仪器、仪表和实验装置。

2.1.9 思考题

（1）该实验使用了多少个 PLC 的输入点及输出点？

（2）画出 PLC 的输入输出连接原理图。

2.2 三菱 PLC 与计算机的 VB 通信

计算机与 PLC 通信采用主从式结构，PLC 通过 SC-09 编程电缆与计算机的串行口连接，实现双方之间的通信，计算机与 FX 系列 PLC 的串行通信采用 RS-232C 标准。在通信过程中，发送和接收的数据以帧为单位，字符发送和接收时必须用起始位和停止位，否则将导致错误。

2.2.1 FX2N 系列 PLC 与计算机的通信协议

计算机与 FX 系列 PLC 的串行通信采用 RS-232C 标准，通信参数通常为：数据传输速度固定为 9 600 b/s，采用偶校验，数据位为 7 位，停止位为 1 位。以 Visual Basic（VB）编辑语言为例，其与 PLC 通信时所用到的控制码如表 2-1 所示。这些控制码用于通信的控制且属于不可见的字符。

表 2-1　计算机与 PLC 的 VB 通信控制码

控 制 码	ASCⅡ 码	VB 表示	说明
STX	02H	Chr（2）	数据传送开始标志
ETX	03H	Chr（3）	数据传送结束标志
ENQ	05H	Chr（5）	计算机对 PLC 的请求信号
ACK	06H	Chr（6）	PLC 回应计算机的信号并校验正确信号
NAK	15H	Chr（15）	PLC 回应计算机的信号并校验不正确信号

通信过程中，发送和接收的数据以帧为单位。字符在进行传送时，必须在该字符之前添加 STX 控制码以及在字符的末尾添加 ETX 控制码，将两个控制码分别作为

该字符帧的传送起始和结束标志,否则将不能进行传送。SC-09 编程电缆用硬件电路将 RS-422 的电压转换成 RS-232C 的电压,其不能使用汇编通信指令和符号化的地址,因此只能使用如表 2-2 所示的指令进行编程,且编程时这些指令必须用 16 进制机器码来表示。

表 2-2 支持 SC-09 的 PLC 与 VB 通信所用指令

命令	命令码	16 进制码	说明
读组件	CMD0	30H	读数据寄存器的值及位元件的状态指令
写组件	CMD1	31H	写数据寄存器的值及位元件的状态指令
置位	CMD7	37H	位元件强制 ON 指令
复位	CMD8	38H	位元件强制 OFF 指令

图 2-4 展示了 PLC 与 VB 通信所用指令的多字符帧的格式。其中数据区占多个字符,而 STX、CMD、ETX 控制码以及和校验区都只占一个字符。和校验是指将从 CMD 指令码到 ETX 控制码之间(含)的所有字符的 16 进制 ASCⅡ 码相加,得到一个 16 进制的数据,取该数据最低两位作为和校验码。

图 2-4 通信指令的多字符帧格式

开始通信时,计算机与 PLC 之间采用主从应答方式,计算机具有数据传送的主动权。当计算机向 PLC 发出数据读写命令时,PLC 在接到相应的命令后才做出响应。进行读数据操作时,计算机发出读数据命令,PLC 响应命令并将数据传送给计算机;进行写数据操作时,计算机发出写命令以及待写的数据,PLC 无须反馈,直接将数据放到相应的寄存器。数据传输的一般格式如图 2-5 所示。

STX	CMD	元件首地址	字节数	数据块	ETX	校验码

图 2-5 数据传输的一般格式

其中,元件首地址表示 PLC 内各元件类型及起始元件号,如表 2-3 所示。数据块表示将要写入或读取的 PLC 元件的数据。

表 2-3　三菱 FX2N 型 PLC 各元件首地址

PLC 元器件	说明	首地址
S	状态寄存器首地址	0000H
D	数据寄存器首地址	1000H
Y	状态首地址	00A0H
	置位复位首地址	0500H
M	状态首地址	0100H
	置位复位首地址	0800H
X	状态首地址	0080H

2.2.2　计算机与 PLC 通信的 VB 实现

计算机与 PLC 进行串行通信时，VB 主要对 PLC 进行 4 种操作。

1. 字元件读操作

字元件读操作一般是指读取数据寄存器的当前值。以读取 D5 和 D6 寄存器内 8 个字节的数据为例，命令格式如表 2-4 所示。

表 2-4　读取 D5 和 D6 寄存器内数据命令格式

起始码	命令码	元件首地址				字节数		结束码	校验码	
STX	CMD	16^3	16^2	16^1	16^0	16^1	16^0	ETX	16^1	16^0
		0	1	0	0	A	0	4		6	2
02H	30H	31H	30H	30H	41H	30H	34H	03H	36H	32H

其计算过程为：首地址 D5 的地址为 1000H+5×2H=100AH（寄存器 D 为双字节），数据寄存器为 16 位，因此 2 个数据寄存器对应的字节数为 4 个，和校验是将除 STX 指令外的所有字符的 16 进制 ASCⅡ码相加，对应于表 2-4 为 30H+31H+30H+30H+41H+30H+34H+03H=162H，取其和的最低两位数，故和校验为 62H。

因此，VB 发送的读命令的字符串为 Chr(2)+"0100A04"+Chr(3)+"62"。发送完命令字符串后，PLC 将响应读命令并返回数据，其返回数据格式如表 2-5 所示。

表 2-5　PLC 响应读命令格式

STX	字节 1		字节 2		字节 3		字节 4		ETX	校验	
	0	2	0	1	0	4	0	3		8	D
02H	30H	32H	30H	31H	30H	34H	30H	33H	03H	38H	44H

PLC 向上位机传送的数据中，字节 1 为 D5 的低 8 位，字节 2 为 D5 的高 8 位，字节 3 为 D6 的低 8 位，字节 4 为 D6 的高 8 位。因此寄存器数值为 D5=0102H，D6=0304H。

2. 位元件读操作

位元件读操作一般是指读输入输出元件 X、Y 的状态值，其命令格式与字元件读操作的相同，只是需要改变元件的地址。例如，读取输入继电器 X0 ~ X7 的状态，参照表 2-4 可得用字符表达的命令为：STX0008001ETX5C。其中，元件首地址 0080H 即 X0 的地址，01H 为字节数，5CH 为和检验。用 VB 进行通信编程时，可以把和校验写成一个函数，以便在读写操作时调用。

3. 字元件写操作

字元件写操作是指向数据寄存器 D 中写入数据。其命令格式如图 2-6 所示。

STX	CMD1	元件首地址	字节数	要写入的数据	ETX	和校验

图 2-6　向数据寄存器 D 中写数据的命令格式

4. 位元件强制置位、复位操作

该操作可以对位元件 Y、M、S 等进行强制置位与复位。例如对 Y1 进行强制置位，其命令格式如表 2-6 所示。

表 2-6　强制置位 Y1 命令

STX	CMD	16^1	16^0	16^3	16^2	ETX	和校验	
	7	0	1	0	5		F	C
02H	37H	30H	31H	30H	35H	03H	46H	43H

需要注意的是，置位复位操作中位元件地址的分配与读写操作时的地址不同，元件首地址以低位字节在前、高位字节在后排列，因为 Y0 的地址为 0500H，因此 Y1 的地址为 0501H。和校验的方法与读写相同。

计算机端串口的常用通信属性如表 2-7 所示。

表 2-7　计算机与 PLC 通信的串口属性

属性	语法	作用
CommPort	MSComm1.Comport=Value	设置或返回通信端口号
Input	MSComm1.Input	返回并更新接收缓冲区的数据
InputLen	MSComm1.InputLen=Value	设置并返回 Input 属性读取的字符数
Output	MSComm1.Output=Value	向发送缓冲区写数据流
PortOpen	MSComm1.PortOpen=True	打开通信端口
	MSComm1.PortOpen=False	关闭通信端口
Settings	MSComm1.Settings=""	设置通信参数
RThreshold	MSComm1.RThreshold=Value	OnComm 事件发生前,设置并返回接收缓冲区可接收的字符数的数目,若 Value 属性为 1,则接收缓冲区每收到一个字符的更新都会触发 OnComm 事件
SThreshold	MSComm1.SThreshold=Value	OnComm 事件发生前,设置并返回发送缓冲区允许的最小字符数,若设置为 1,则当发送完全为空时触发 OnComm 事件
OutBufferSize	MSComm1.OutBufferSize=Value	设置并返回发送缓冲区的大小
InBufferSize	MSComm1.InBufferSize=Value	设置并返回接收缓冲区的大小

2.3　三菱 PLC 与上位机的 VB 通信实验

2.3.1　实验任务

在 2.1 小节中已完成了 PLC 端 AGV 小车的控制程序,并且能通过按钮实现两个工位之间的传输控制。本节将利用 VB 开发上位机程序,通过 PC 端软件界面实现与 PLC 的数据通信,从而可以替代控制箱面板上的按钮及指示灯功能。

2.3.2　实验内容

(1)采用计算机与 PLC 进行通信测试。

(2)采用计算机对 PLC 进行置位操作。

(3)采用计算机对 PLC 进行复位操作。

(4)采用计算机对 PLC 的输出状态进行实时读取。

2.3.3　实验步骤

1. 界面设计

在 VB 编程主界面中，添加如图 2-7 所示的控制，并依次完成控件名称及初始属性的设置。由于本节中需要采用串口与 PLC 进行通信，因此需要在程序中添加串口通信 MSCOM 控件。添加 MSCOM 控件方法为：依次选择菜单栏的"工程"→"部件"，在弹出的对话框中勾选"Microsoft Com Control 6.0"，如图 2-8 所示。

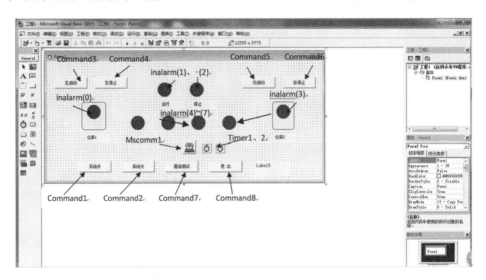

图 2-7　VB 界面设置及控件配置

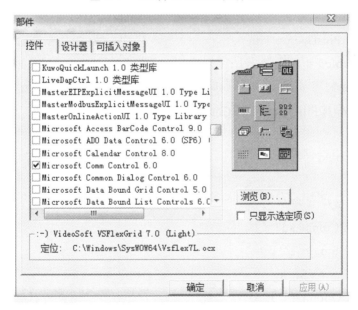

图 2-8　添加 MSCOM 控件窗口

2. 编写代码

1) 初始化程序

```
Private Sub Form_Load()                                       '窗口加载事件
Dim i As Integer                                             '变量声明
Dim sat As String
Dim instring, xa As String
Timer1.Enabled = False                                       '控件初始化
If MSComm1.PortOpen = True Then                              '关闭串口
    MSComm1.PortOpen = False
End If
MSComm1.CommPort = 1                                         '通信口设置
MSComm1.Settings = "9600,E,7,1"       '串口参数设置,波特率 9 600 b/s, 偶校验,
                                       7 位数据位,1 位停止位
MSComm1.Handshaking = 0                                      '握手信号
MSComm1.InputLen = 0                   '设置和返回 input 每次读出的字节数, 设为
                                       0 时读出接收缓冲区中的内容
MSComm1.OutBufferCount = 0             '设置和返回发送缓冲区的字节数,
                                       设为 0 时清空发送缓冲区
MSComm1.InBufferCount = 0              '设置和返回接收缓冲区的字节数,
                                       设为 0 时清空接收缓冲区
MSComm1.PortOpen = True                '设定好相关参数后, 打开串口
Timer1.Enabled = True                                        '定时器 1 开始计时
For i = 0 To 7                                               '所有指示灯初始化为红色
    inalarm(i).FillColor = QBColor(12)
Next i
Timer2.Enabled = True                                        '定时器 2 开始计时
End Sub
```

2) 通信测试子程序

```
Private Sub Command7_Click()                                 '通信测试
Dim tim As Single                                           '局部变量声明
Dim outstring As String
MSComm1.Output = Chr(5)                 '计算机对 PLC 的请求信号
Timer1.Enabled = True
```

```
tim = Timer
Do
    If Timer > tim + 1 Then MsgBox "与 PLC 没有连接": Exit Sub        '检测通信是
                                                                            否超时
Loop Until MSComm1.InBufferCount = 1                              '存在返回数据
If MSComm1.Input = Chr(6) Then                          'Chr(6)——PLC 回应计算机的
                                                            信号并校验正确
    MsgBox "与 PLC 通信正常！", , "与 PLC 通信检测"
Else
    MsgBox "与 PLC 通信不正常！", 48, "与 PLC 通信检测"      '返回其他数据,
                                                            通信不正常

End If
End Sub
```

3）置位程序（置位 M0:系统开按钮）

```
Private Sub Command1_Click()                               '系统开, 置位 M0
fg1:                                                       '子程序名称
Dim sat As String
sat = "70008" + Chr(3)              '7——置位命令代码; 0008——M0 地址, 低位在前,
                                      高位在后; Chr(3) —— 数据传送结束标志
MSComm1.Output = Chr(2) + sat + SumChk(sat)        ' Chr(2) ——传送起始标志;
                                                    串口发送出数据;校验值

tim = Timer
Do                                                 '循环侦听判断是否通信超时
    If Timer > tim + 1 Then: Exit Do               '如果通信超时, 则退出循环
Loop Until MSComm1.InBufferCount = 1               '如果通信正常, 则持续等待
                                                    直到有返回值
If MSComm1.Input = Chr(6) Then          '返回值为 Chr(6),PLC 回应计算机的信号
                                          并校验正确
    MSComm1.InBufferCount = 0                 '清除接收缓存区,为下次工作做准备
Else
    If MsgBox("置位不成功", vbRetryCancel + vbCritical) = vbRetry Then GoTo fg1
```

End If   '返回值不为 Chr(6), 说明置位不成功, 弹出提示窗口; 如果返回值
                为重试, 则重新调用该子程序一次

End Sub

4) 复位程序 (复位 M0:系统关按钮)

Private Sub Command2_Click()   '系统关, 复位 M0
For i = 0 To 7   '初始化所有指示灯为红色
        inalarm(i).FillColor = &HFF&
Next i
fg2:   '子程序名称
Dim sat As String   '声明局部变量
sat = "80008" + Chr(3)   '8——复位命令代码; 0008——M0 地址, 低位在前,
                            高位在后; Chr(3) ——数据传送结束标志
MSComm1.Output = Chr(2) + sat + SumChk(sat)   '串口发送出数据
tim = Timer
Do
    If Timer > tim + 1 Then: Exit Do
Loop Until MSComm1.InBufferCount = 1
If MSComm1.Input = Chr(6) Then   'PLC 回应正确信号
        MSComm1.InBufferCount = 0
ElseIf MsgBox("复位不成功", vbRetryCancel + vbCritical) = vbRetry Then GoTo fg2
End If
End Sub

5) 周期读取 PLC 输出状态程序

Private Sub Timer2_Timer()   '周期读取输出状态
Dim y0(0 To 7)   '定义数组变量
Dim sat As String
Dim instring As String
Dim ya As String
Dim ya1 As String
sat = "000A001" + Chr(3)   '0——读取命令; 00A0——Y0 首地址, 地址高
                            位在前, 低位在后; 01——读取 1 个字节长度
MSComm1.Output = Chr(2) + sat + SumChk(sat)   '起始位+传送内容+
                                                        和校验位

```
tim = Timer
Do
    If Timer > tim + 1 Then: Exit Do
Loop Until MSComm1.InBufferCount = 4      ' 02 起始码+2 个字节 ASCⅡ码( 4 位 ),
                                             其对应 1 字节的 16 进制数+停止位

instring = MSComm1.Input
ya = Val("&h" + Mid(instring, 2, 2))     '读取返回报文, 从第 2 位开始的 2 个字节
                                           的 ASCⅡ码(即 1 个字节的 16 进制数)
ya1 = dec2bin(ya)                                '函数调用, 转换为二进制位
Label5.Caption = ya1                             '新建标签, 便于监视
For i = 0 To 7
    y0(i) = Mid(ya1, 8 - i, 1)                   '从第 8-i 位开始, 取 1 位
Next i
For i = 0 To 7                           '改变指示灯颜色,实时显示输出状态
If y0(i) = 1 Then
    inalarm(i).FillColor = QBColor(10)
Else: inalarm(i).FillColor = QBColor(12)
End If
Next i
End Sub
```

6) 和校验函数——SumChk()

```
Private Function SumChk(Dats$) As String               '函数定义: 和校验
Dim i&
Dim CHK&
For i = 1 To Len(Dats)
    CHK = CHK + Asc(Mid(Dats, i, 1))             'ASCⅡ码值依次相加, 取和
Next i
SumChk = Right(Hex$(CHK), 2)             '将和转换成 16 进制, 取最后 2 位, 即
                                           函数返回值
End Function
```

7) 二进制转换函数——dec2bin()

```
Private Function dec2bin(Dats$) As String
Dim bin8, bin4, bin2, bin1, bin16, bin32, bin64, bin128
```

```
If Dats \ 128 >= 1 Then
    bin128 = 1
Else
    bin128 = 0
End If
If (Dats Mod 128) \ 64 >= 1 Then        'Mod 用来对两个数做除法并且只返回余数
    bin64 = 1                           ' \ 运算符用来对两个数做除法并返回一个整数
Else
    bin64 = 0
End If
If (Dats Mod 64) \ 32 >= 1 Then
    bin32 = 1
Else
    bin32 = 0
End If
If (Dats Mod 32) \ 16 >= 1 Then
    bin16 = 1
Else
    bin16 = 0
End If
If (Dats Mod 16) \ 8 >= 1 Then
    bin8 = 1
Else
    bin8 = 0
End If
If (Dats Mod 8) \ 4 >= 1 Then
    bin4 = 1
Else
    bin4 = 0
End If
If (Dats Mod 4) \ 2 >= 1 Then
    bin2 = 1
Else
```

```
        bin2 = 0
End If
If Dats Mod 2 = 0 Then
        bin1 = 0
Else
        bin1 = 1
End If
bin128 = CStr(bin128)                        'CStr 函数将一数值转换为 String
bin64 = CStr(bin64)
bin32 = CStr(bin32)
bin16 = CStr(bin16)
bin8 = CStr(bin8)
bin4 = CStr(bin4)
bin2 = CStr(bin2)
bin1 = CStr(bin1)
dec2bin = bin128 + bin64 + bin32 + bin16 + bin8 + bin4 + bin2 + bin1   '返回值为
                                                                      8 位字符值

End Function
```

3．调试程序

选择"运行"→"启动"或按"F5"（运行功能键）启动调试程序，观察是否实现既定功能。

第3章　搅拌摩擦焊装置的 PLC 开发

3.1　搅拌摩擦焊方法及装置

3.1.1　搅拌摩擦焊方法

1. 定　义

搅拌摩擦焊（Friction Stir Welding，FSW）是英国焊接研究所于 1991 年发明的一种用于低熔点合金板材的固态连接方法。它利用高速旋转的焊具与工件摩擦产生的热量使被焊材料局部塑性化，当焊具沿着焊接界面向前移动时，被塑性化的材料在焊具的转动摩擦力作用下由焊具的前部流向后部，并在焊具的挤压下形成致密的固相焊缝。用该方法可以焊接通常熔焊方法难以焊接的铝合金、钛合金等材料，不会在接头内形成气孔、裂纹、变形等缺陷。

2. 焊接过程

（1）将焊件牢牢地固定在工作平台上。

（2）搅拌焊头高速旋转并将搅拌焊针插入焊件的接缝处，直至搅拌焊头的肩部与焊件表面紧密接触。

（3）搅拌焊针高速旋转与其周围母材摩擦产生的热量和搅拌焊头的肩部与焊件表面摩擦产生的热量共同作用，使接缝处材料温度升高而软化。

（4）搅拌焊头边旋转边沿着接缝与焊件做相对运动，使搅拌焊头前面的材料发生强烈的塑性变形。随着搅拌焊头向前移动，前沿高度塑性变形的材料被挤压到搅拌焊头的背后。在搅拌头轴肩与焊件表层摩擦产热和锻压共同作用下，形成致密的固相连接接头。

其焊接过程示意图如图 3-1 所示。

3. 常用术语解释

前进侧（Advancing Side，AS）和后退侧（Retreating Side，RS）：以搅拌摩擦焊缝中心为界，焊缝分为两侧，它们由焊具的旋转方向和前进方向所决定。在焊缝的前进侧，焊具的旋转方向与焊具的前进方向相一致；而在焊缝的后退侧，焊具的旋转方向与焊具的前进方向相反。

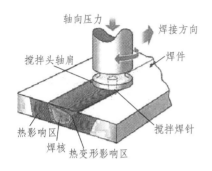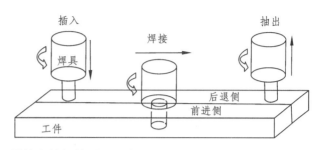

图 3-1　搅拌摩擦焊接过程示意图

搅拌摩擦焊具（Welding Tool）：搅拌摩擦焊接的特制焊接工具，简称焊具或搅拌头。搅拌摩擦焊具由针部（Pin）和肩部（Shoulder）组成，二者又称搅拌针和轴肩。

焊核区（Weld Nugget Zone，WNZ）：焊缝中心部分，该区域在焊具强烈搅拌摩擦作用下发生显著的塑性变形和完全的动态再结晶，形成细小、等轴晶粒的微观组织。

热机影响区（Thermo-Mechanically Affected Zone，TMAZ）：邻近 WNZ 的外围区域，在焊具的热力作用下发生塑性变形和部分再结晶，形成由弯曲而拉长晶粒组成的微观组织。

热影响区（Heat Affected Zone，HAZ）：TMAZ 以外的部分区域，没有受到焊具的机械搅拌作用，只在摩擦热作用下发生晶粒长大现象，形成较为粗大的微观组织，但没有发生塑性变形。

基材区（Base Material Zone，BMZ）：即母材区，组织既无机械变形也未经受热作用。

搅拌摩擦焊接头的微观组织区构成如图 3-2 所示。

图 3-2　接头的微观组织区的组成

4. 搅拌摩擦焊接的优缺点

1）优　点

（1）焊缝经塑性变形和动态再结晶形成，其微观组织细密、晶粒细小，不含熔焊的树枝晶。

（2）与传统的熔化焊方法相比，搅拌摩擦焊接头不会产生与熔化有关的焊接缺陷，如裂纹、气孔及合金元素的烧损等。

（3）焊接过程中不需要填充材料和保护气体，使得以往通过传统熔焊方法无法实现焊接的材料通过搅拌摩擦焊技术得以实现连接。

（4）焊接前无须进行复杂的预处理，焊接后残余应力和变形小。

（5）焊接时无弧光辐射、烟尘和飞溅，噪声低。

2）缺　点

（1）需要施加足够大的顶锻力和向前驱动力，同时需要由刚性的装置牢固地夹持待焊工件。

（2）由于搅拌头的回抽，焊缝末尾会存在"匙孔"，焊接时需要增加"引焊板"和"出焊板"。

（3）与弧焊相比，对工装设备要求较高，难以应用于复杂焊缝的焊接。

（4）出现焊接缺陷时，需要采用固相焊接方法进行补焊。

5. 搅拌摩擦焊的应用领域

目前，FSW 已成功用于 Al 合金、Mg 合金、铅、锌、铜、不锈钢、低碳钢等同种或异种材料的连接，其主要应用领域涵盖航天、航空、船舶、车辆和核能等。

1）航空领域的应用

搅拌摩擦焊在航空航天业的应用主要体现在以下几个方面：机翼、机身、尾翼的制造；飞机油箱的焊接；飞机外挂燃料箱的构建；运载火箭、航天飞机的低温燃料筒的制造；军用和科学研究火箭和导弹组装；熔焊结构件的修理等。波音公司在1999 年首先在加州的 Huntington Beach 工厂将搅拌摩擦焊应用于 Delta II 运载火箭4.8 m 高的中间舱段的制造；2001 年，"火星探索号"采用搅拌摩擦焊技术，使得压力贮箱焊缝接头强度提高了 30%。此外，波音公司在亚拉巴马州的 Decatur 工厂将搅拌摩擦焊技术用于制造 Delta IV 运载火箭中心助推器。

2）船舶领域

中航工业北京赛福斯特技术有限公司自主研发成功了中国第一台船舶带筋壁板搅拌摩擦焊设备。该设备可以焊接长度 12 m、宽度 6 m、厚度 12 mm 的铝合金带筋壁板，满足了中国海军新型导弹快艇的研制需求。

3）交通行业领域

日本日立公司采用搅拌摩擦焊技术进行市郊列车和快速列车车辆的单层、双层挤压型材的连接；日本轻金属公司已将 FSW 工艺用于生产新干线列车壁板；法国的Alstom（阿尔斯通）公司将搅拌摩擦焊应用于列车顶板的连接。

6. 主要的焊接参数

搅拌摩擦焊接参数主要包括焊接速度（搅拌焊头沿焊缝方向的行走速度）、搅拌焊头转速、焊接压力、搅拌头倾角、搅拌头插入速度和保持时间等。特别需要注意的是，焊接速度及搅拌头转速配合要适当。

7. 搅拌摩擦焊机的电气控制系统

搅拌摩擦焊电器控制系统可以采取多种控制方式，目前在国内外经常采用的有三种：数控控制系统（CNC）、可编程控制系统（PLC）、工控机控制系统（PC）。其调速及定位控制系统主要采用伺服定位技术和变频调速技术。另外，要实现高质量的搅拌摩擦焊连接，需要依靠焊接过程对各工艺参数的精确监控，包括各轴的负荷、搅拌头的温升、焊接主轴转速及焊接速度等。

3.1.2　搅拌摩擦焊装置

1. 搅拌摩擦焊装置

本书中所采用的模拟搅拌摩擦焊机硬件平台以可编程逻辑控制器（PLC）为核心，向上与计算机人机界面交互，向下集成步进系统和变频系统，通过对各电气元件的集成控制来满足搅拌摩擦焊工艺的需求。

实验中使用的实验装置如图 3-3 所示。

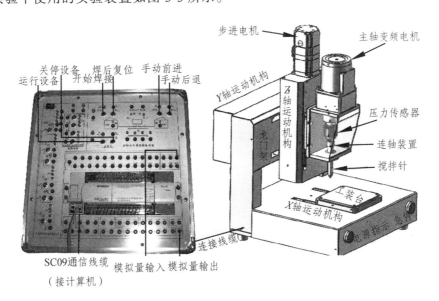

图 3-3　搅拌摩擦焊装置

2. 系统参数

搅拌头温度采集信号：根据搅拌摩擦焊接工艺的特点，在实际应用中通常需要对其搅拌头肩部温度进行采集，以防止搅拌头过热烧损而影响焊接。通常采用温度变送器将 0~1 200 ℃ 的温度信号变换成 0~10 V 或 4~20 mA 的标准电信号。

搅拌焊头转速：根据焊接工艺特点，搅拌头的转速范围通常在每分钟几百到几千转，本实验中的转速范围拟设定为 0~2 880 r/min。

焊接速度：根据搅拌摩擦焊接方法特点，在进行焊接作业时，通常其焊速范围为 100~600 cm/min。

焊缝长度：根据焊接对象需求和设备尺寸限制，本书拟定产品焊缝的长度为 100~1 000 mm。

3. 控制系统的线路连接

工控机通过 SC09 编程线缆与 PLC 进行串口通信，PLC 与外围步进系统、变频系统及开关按钮、指示灯等通过线缆进行连接，控制系统的接线示意如图 3-4 所示。

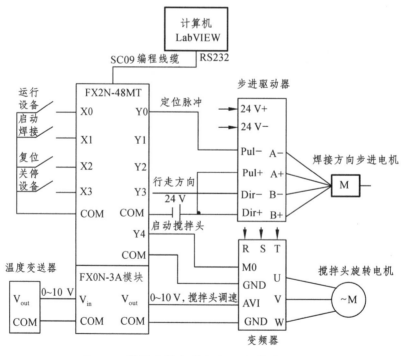

图 3-4　搅拌摩擦焊接控制系统接线示意图

系统中与三菱 FX2N PLC 的编程口相连的 PC 串口号为 COM1，多功能扩展模块 FX0N-3A 的模块 ID 号为 0，其 DC 24V 电源由主机提供。PC 发送到 PLC 的数值（范围 0~2 880，反映旋转主轴速度大小）由 FX0N-3A 的模拟量输出 1 通道（CH1）V_{out} 与公共端 COM 之间输出；温度变送器发送的模拟量信号由 FX0N-3A 的模拟量输入 1 通道（CH1）V_{in}+与公共端 COM 之间输入。步进驱动器接收来自 Y0 的脉冲信号和 Y3 的方向信号，并根据指令驱动步进电机（焊接/归零方向、焊接速度及焊缝长度）。变频器接收来自 PLC FX0N-3A 的模拟量信号用于控制交流电机的转速，从而调整搅拌头的旋转速度。

4. 软件界面

搅拌摩擦焊装置的软件界面如图 3-5 所示，采用美国 NI 公司的 LabVIEW 软件开发，具有焊接参数设定、焊接状态显示、焊接过程控制等功能。

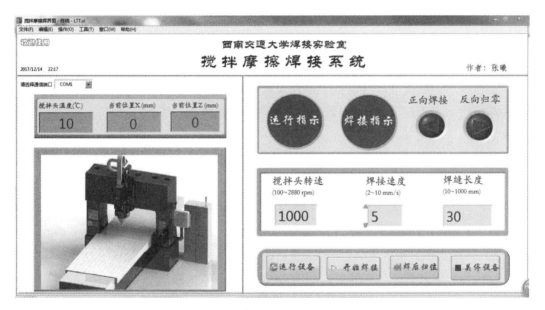

图 3-5　搅拌摩擦焊装置操作界面

1）按钮功能说明

软件界面按钮如图 3-6 所示，具体功能如下。

图 3-6　软件界面按钮功能说明

运行设备：使能搅拌轴旋转，做好焊接前的准备。

开始焊接：根据程序设置的焊接速度及焊缝长度参数，开始进行焊接运动。

焊后归位：在完成既定的焊接任务后，两路焊接轴复位回到焊前的原点位置。

关停设备：完成焊接任务后，关停搅拌头旋转。

2）指示灯功能说明

软件界面指示灯如图 3-7 所示，具体含义如下。

图 3-7　软件界面指示灯功能说明

运行指示：当按下运行设备，搅拌头处于旋转状态时，该指示灯变为绿色。

焊接指示：当按下开始焊接按钮后，设备处于焊接工作运行状态，该指示灯变为绿色。

正向焊接：当处于焊接工作运行状态，X 轴带动焊枪沿正向运动期间，该指示灯呈现橙色闪烁状态。

反向归零：当处于焊后归位运行状态，X 轴带动焊枪沿反向复位运动期间，该指示灯呈现橙色闪烁状态。

3）参数设置功能说明

软件界面参数如图 3-8 所示，具体含义如下。

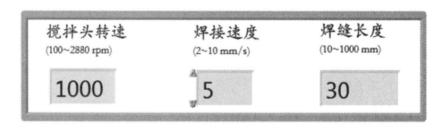

图 3-8　软件界面参数设置功能说明

搅拌头转速：设定搅拌头转速，从而调整焊接工艺。

焊接速度：设定焊接过程中焊枪的运动速度，从而调整焊接工艺。

焊缝长度：设定需要焊接的焊缝长度。

4）文本显示功能说明

软件界面文本显示如图 3-9 所示。

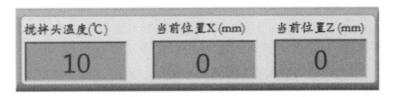

图 3-9　软件界面文本显示功能说明

搅拌头温度：用于实时采集搅拌针的温度，温度过高报警。

当前位置 X：用于实时显示搅拌头的 X 轴位置。

当前位置 Z：用于实时显示搅拌头的 Z 轴位置。

5）软件操作流程

（1）在进行焊接作业前，应该首先设定搅拌头的转速（输出模拟量到变频器进行调速）、焊接速度（控制脉冲频率）和焊缝长度（控制脉冲个数）等参数。

（2）点击"运行设备"按钮，此时 PLC 从端口输出设定的模拟量到变频器调速端，控制搅拌头开始旋转，"运行指示"灯亮起。

（3）单击"开始焊接"按钮，焊接作业平台将以设定的速度进行动作，同时"焊接指示""正向焊接"灯闪烁，当到达设定的焊缝长度后，平台停止动作，"焊接指示""正向焊接"灯熄灭。

（4）焊接作业完成后，单击"焊后归位"按钮，焊接作业平台将以既定的速度返回原点，同时"反向归零"灯闪烁，当到达原点后，其动作停止且"反向归零"灯熄灭。

（5）当完成焊接后，单击"关停设备"按钮，设备将关机并待命。

3.2　PLC 的模拟量控制实验

3.2.1　PLC 模拟量控制概述

在工业生产控制过程中，特别是涉及连续型生产过程（如化工生产过程）时，经常会要求对一些物理量如温度、压力、流量等进行控制。这些物理量都是随时间而连续变化的，在控制领域，把这些随时间连续变化的物理量称为模拟量。与模拟量相对应的是数字量，又称为开关量，它只有两种状态，分别对应于开和关。而开关随时间的变化是不连续的，像是一个一个的脉冲波形，所以又称为脉冲量。

在计算机、单片机、PLC 等为核心的控制系统中，系统通常输入的是连续变化的模拟量信号（电压、电流），而数字控制器只能处理数字信号。因此，要使数字控制器能够处理模拟量信号，必须首先将这些模拟信号转换成数字信号。同样地，经过数字控制设备分析、处理后输出的数字量往往也需要转换为相应模拟信号，才能为执行机构所接收。这样就需要一种能在模拟信号与数字信号之间起桥梁作用的电路——模数（A/D）转化器和数模（D/A）转化器。

一个完整的 PLC 模拟量控制过程为：首先，使用传感器采集信息，并把它变换成标准电信号（4~20 mA、0~10 V 等）进而送给模拟量输入模块；其次，模拟量输入模块把标准电信号转换成 CPU 可处理的数字信息；再次，CPU 按要求对此信息进行处理，产生相应的控制信息，并将其传送给模拟量输出模块；模拟量输出模块得到控制信息后，经 D/A 变换，再以标准信号的形式传给执行器；最后，执行器对此信号进行放大和变换，产生控制作用，施加到受控对象上。

3.2.2 模拟量模块的指令使用

1. 模块参数说明

实验中采用的模拟量输入/输出模块为三菱公司的 FX0N-3A 模数模块。根据用户手册，该模块同时包含有 2 个输入通道和 1 个输出通道。输入通道接收模拟信号并将其转变为数字值，输出通道将数字值转换并输出为等量模拟信号。FX0N-3A 的最大分辨率为 8 位，即 1/255。在输入/输出基础上选择电压还是电流模式由接线方式决定。三菱 FX0N-3A 模数模块参数如表 3-1 所示，其缓冲存储器的分配如表 3-2 所示。

表 3-1 三菱 FX0N-3A 模数模块参数

项目	内容
电源	模拟电路：DC 24 V ±10% 90 mA（由 PLC 内部供电）； 数字电路：DC 5 V 30 mA（由 PLC 内部供电）
数字位	8 位（0~255）（数字值在 0 以下的固定为 0，在 255 以上的，固定为 255）
模拟范围	DC 0~10 V、DC 0~5 V、DC 4~20 mA
数字范围	0~250
分辨率	40 mV（10 V/250）、20 mV（5 V/250）、0.064 mA（16 V/250）
输入/输出占用点数	占用 8 点 PLC 的输入或输出

表 3-2　缓冲存储器的分配

BFM No.	b15-b8	b7	b6	b5	b4	b3	b2	b1	b0
#0	当前 A/D 转换输入通道 8 位数据								
#1 ~ #15									
#16	当前 D/A 转换输出通道 8 位数据								
#17					D/A 转换启动	A/D 转换通道 2 启动	A/D 转换通道 1 启动	选择 A/D 通道 2	选择 A/D 通道 1
#18 ~ #31									

2．模块数据传输指令

模块数据的传输和参数设置通过 PLC 中的 FROM/TO 指令实现。

1）BFM 读出指令[FROM]

（1）指令格式。

该指令的指令名称、助记符、功能号、操作数和程序步长如表 3-3 所示。

表 3-3　特殊功能模块数据读出指令表

指令名称	助记符、功能号	操作数				程序步长	备注
		m1	m2	[D.]	n		
特殊功能模块数据读出	FNC78 DFROM P	K、H（m1 取值为 0 ~ 7）	K、H（m2 取值为 0 ~ 32 767）	KnY、KnM、KnS、T、C、D、V、Z	K、H n 取值为 1 ~ 32767	16 位 - 9 步；32 位 - 17 步	① 16 位 /32 位指令；② 脉冲/连续执行

（2）指令说明。

该指令为特殊功能模块缓冲存储器数据读出指令。当执行条件满足时，通过 FROM 指令将编号为 m1 的特殊功能模块从模块缓冲存储器（BFM）编号为 m2 开始的 n 个数据读入 PLC，并存入[D.]指定元件中的 n 个数据寄存器中。

m1：特殊功能模块号，取值范围为 0 ~ 7。

m2：缓冲寄存器（BFM）号，取值范围为 0 ~ 32 767。

n：待传送数据的字节数，取值范围为 1 ~ 32 767。

接在 FX2N 基本单元右边扩展总线上的功能模块（如模拟量输入单元、模拟量输出单元、高速计数器单元等），从最靠近基本单元的模块开始，顺次编号为 0 ~ 7。

FROMP 为脉冲执行型指令，当进行 32 位数据读出时，采用 DFROM 指令。

2）BFM 写入指令[TO]

（1）指令格式。

该指令的指令名称、助记符、功能号、操作数和程序步长如表 3-4 所示。

表 3-4　特殊功能模块数据写入指令表

指令 名称	助记符、 功能号	操作数				程序 步长	备注
		m1	m2	[S.]	n		
特殊功能 模块数据 写入	FNC79 DTOP	K、H （m1=0～ 7）	K、H （m2=0～ 31）	KnY、KnM、 KnS、T、C、 D、V、Z	K、H n=1～32	16位-9步； 32位-17步	① 16位/32 位指令； ② 脉冲/连 续执行

（2）指令说明。

该指令为 PLC 向特殊功能模块缓冲存储器 BFM 写入数据的指令。当执行条件满足时，将 PLC 指定的传送源数据送至特殊功能模块中制定的 BFM 号中，传送字节数在指令中给定。

m1：特殊功能模块号，取值范围为 0～7。

m2：缓冲寄存器（BFM）首元件号，取值范围为 0～31。

n：待传送数据的字节数，取值范围为 1～16（16 位时），或者为 1～32（32 位时）。

FROM 和 TO 指令是特殊功能模块编程必须使用的指令。TOP 为脉冲执行型指令。当进行 32 位数据写入时，采用 DTO 指令。

编程示例 3.1

（1）从 FX0N-3A 的 A/D 通道 1 读取模拟量数据，启动 A/D 转换，并将 A/D 转换后的值保存到数据寄存器 D100 中。其示例 PLC 程序如图 3-10 所示。

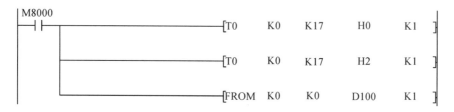

图 3-10　A/D 通道 1 采集程序

（2）从 FX0N-3A 的 A/D 通道 2 读取模拟量数据，启动 A/D 转换，并将 A/D 转换后的值保存到数据寄存器 D102 中。其示例 PLC 程序如图 3-11 所示。

（3）将寄存器 D104 的值写入 FX0N-3A 的特殊寄存器 BFM 16 中，启动 D/A 转换，并将转换后的模拟量通过 D/A 通道进行输出。数字量 0～255 对应的模块输出电压范围为 0 ~ 10 V。如当需要输出 5 V 电压时，设置寄存器 D104 的值为 130 左右。其示例 PLC 程序如图 3-12 所示。

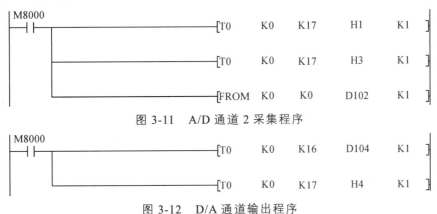

图 3-11　A/D 通道 2 采集程序

图 3-12　D/A 通道输出程序

3.2.3　PLC 模拟量控制

1. 温度采集实验

温度是过程控制系统中重要的被控变量，而热电阻原理法是成熟的温度测量方法之一。它的测温原理是根据导体或者半导体的电阻值随温度变化的性质，将电阻值的变化用显示仪表反映出来，从而达到测温目的。为了实现 PLC 对温度信号的数字化处理与自动控制，可以采用外接智能仪表，将温度信号变换为标准 0 ~ 10 V 或 4 ~ 20 mA 电信号，再送入 PLC 的 A/D 模块进行处理，或直接采用 PLC 的温度模拟输入模块进行采集。

以常用的 PT100 温度传感器为例，它是一种将温度变量转换为电信号的热电偶，工作温度可涵盖 -200 ~ +850 ℃。配合信号转换器（含测量单元、信号处理和转换单元）使用，可输出标准 0 ~ 10 V 或 4 ~ 20 mA 电信号。PT100 热电偶的温度电阻对照表如表 3-5 所示。现场测量中，往往根据测量对象的不同而选取不同的热电偶，如单铂铑热电偶（1 000 ~ 1 300 ℃）、双铂铑热电偶（1 200 ~ 1 600 ℃）。

表 3-5　PT100 温度对照表

温度/ ℃	电阻/Ω
0	100.0
50	119.4
100	138.5
150	157.3
200	175.8

采用模拟量输入模块进行温度采集的重要一步工作是，在对各种温度计转换出的模拟信号进行数字量变换后，还需要在 PLC 端利用程序按工程单位进行重新标定。

编程示例 3.2

采用一智能仪表，其能够将-50～+50 ℃的温度信号变换成 0～10 V 的电压信号，并接入实验箱的 PLC FX0N-3A 模块。请编写程序将 PLC 寄存器中所采集的数字量还原成实际工程温度变量值。

将温度范围-50～+50 ℃设为 y（对应 FX0N-3A 输入模块 0～10 V），将数字量范围 0～255 设为 x，相当于一次曲线经过（0，-50）及（255，50）两点，得出一次函数关系为 $y=0.4x-50$。

基于此关系式进行的三菱 PLC 的温度采集编程如图 3-13 所示。首先将 16 进制常数 "1" 写入第一个功能扩展模块（即 FX0N-3A）的 BFM#17 寄存器 bit0 参数中，选择通道 1 作为环境温度信号模拟量接入通道；随后将 16 进制常数 "1" 写入 BFM#17 的 bit2 参数中，启动 A/D 转换；将 A/D 转换后的数字量值保存到 D204 中，然后根据上面的换算关系计算得到真实温度值并保存在数据寄存器 D200 中。

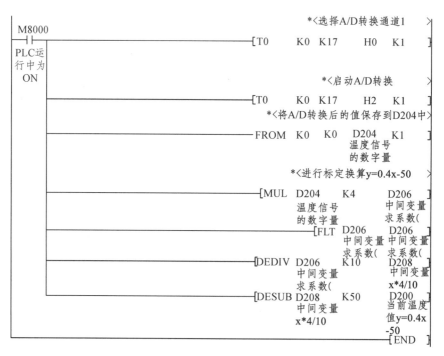

图 3-13 温度采集 PLC 程序

2. 变频调速实验

根据交流电机调速关系 $n=60f(1-s)/p$（式中，n 表示转速，f 表示输入频率，s 表示电机转差率，p 表示电机的磁极对数），可知对应磁极对数为 1 的电机，其变频调速时变频器输出频率 0～100 Hz 对应电机转速 0～2 880 r/min。当变频器采用模拟量输入调速模式时，通过调节变频器模拟量输入端（AI）的输入电压（0～10 V），可以输出对应的用户设定输出频率范围。在此，设定 VFD-M21A 型台达变频器的 0～10 V 输入对应 0～100 Hz 输出。

编程示例 3.3

采用 FX0N-3A 模块对台达 VFD-M21A 型变频器（0.4 kW）进行变频调速，以控制其拖动的 YE2 型三相异步电机（0.37 kW）进行调速运行。请编写程序将设定转速换算成需要的控制数字量并进行 D/A 输出控制。

将需要设定的数字量范围 0～255 设为 y（对应 FX0N-3A 模块输出的 0～10 V），将转速控制范围 0～2 880 r/min 设为 x，相当于一次曲线经过（0，-255）及（0，2 880）两点，得出一次函数关系为 $y=(255/2\,880)x$。

基于此关系式进行三菱 PLC 的变频调速控制编程如图 3-14 所示。首先将转速设定值从数据寄存器 D100 中取出，并根据关系式进行函数运算；随后将计算得到的数字量值写入第一个功能扩展模块（即 FX0N-3A）的 BFM#16 寄存器（8 位）中；最后，将 16 进制常数 "1" 写入 BFM#17 的 bit4 参数中，启动 D/A 转换。此时，在 FX0N-3A 的电压输出端口即可输出相应的模拟电压值，用万用表对其进行测量观察。

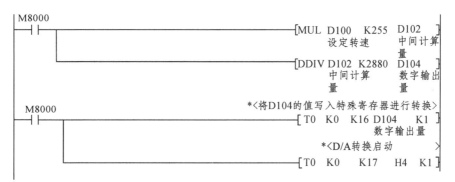

图 3-14　搅拌头转速设定 PLC 程序

3.3　PLC 的定位控制实验

3.3.1　PLC 定位模块的指令使用

1. 脉冲输出指令[PLSY]

1）指令格式

该指令的指令名称、助记符、功能号、操作数和程序步长如表 3-6 所示。

表 3-6　脉冲输出指令表

指令 名称	助记符、 功能号	操作数			程序步长	备注
		[S1.]	[S2.]	[D.]		
脉冲 输出	FNC57 DPLSY	KnY、KnM、KnS、T、 C、D、V、Z		仅 Y0 或 Y1 输出有效	16 位-7 步； 32 位-13 步	① 16 位/32 位 指令； ② 连续执行

2）指令说明

表 3-6 所示为脉冲输出指令功能说明。当 X0 为 ON 时，以[S1.]指令的频率，按[S2.]指定的脉冲个数输出，输出端为[D.]指定的输出端。[S1.]指定脉冲频率为 2～20 000 Hz。[S2.]指定脉冲个数，16 位指令时为 1～32 767，32 位指令时为 1～2 147 483 647。

[D1.]指定的输出口仅为 Y0 和 Y1，且 PLC 机型必须选用晶体管输出型。

PLSY 指令输出脉冲的占空比为 50%。由于采用中断处理，因此输出控制不受扫描周期的影响。设定的输出脉冲发送完毕后，执行结束标志位 M8029 置 1。若 X0 回到 OFF 状态，则 M8029 也复位。PLSY 指令 Y0 和 Y1 输出的脉冲个数分别保存在 D8140 和 D8141 中，Y0 和 Y1 两路脉冲的总数保存在 D8137 中。

2. 脉宽调制指令[PWM]

1）指令格式

该指令的指令名称、助记符、功能号、操作数和程序步长如表 3-7 所示。

表 3-7　脉宽调制指令表

指令 名称	助记符、 功能号	操作数			程序步长	备注
		[S1.]	[S2.]	[D.]		
脉宽 调制	FNC58 DPWM	K、H、KnY、KnM、 KnS、T、C、D、V、Z		仅 Y0 或 Y1 输出有效	16 位-7 步	① 16 位指令； ② 连续执行

2）指令说明

脉宽调制指令（PWM）产生的脉冲宽度和周期是可以控制的。当 X0 为 ON 时，Y0 有脉冲信号输出，其中[S1.]用于指定脉宽，[S2.]用于指定周期，[D.]指定脉冲输出口。要求[S1.]≤[S2.]，[S2.]的范围为 1～32 767 ms。[S1.]在 1～32 767 ms 内，[D.]只能指定 Y0 或 Y1。PWM 指令仅适用于晶体管方式输出的 PLC。

在工程实践中，经常通过 PWM 指令来实现变频器的控制，从而实现电动机的速度控制。

3.3.2　PLC 定位控制

进行 PLC 的定位控制过程中，通常需要根据控制需求设置相应的控制参数。本实验采用的机械装置参数为：滚珠丝杠导程为 2 mm，步进电机驱动器细分设置为 400 ppr（puke per revolution），减速箱齿轮传动比 Z 为 1。

1．焊接速度计算

根据搅拌摩擦焊工艺要求，焊接速度控制范围为 20 ~ 60 cm/min，即 3 ~ 10 mm/s。以焊接速度设定为 10 mm/s 时为例，电机运动转速=10 mm/s ÷ 2 mm/round=5 round/s，则需要输出的脉冲数 n=5 round/s × 400 pulse/round=2 000 pulse/s，即[S1.]寄存器的值应当设定为 2 000。

2．焊缝长度计算

根据实验平台电机行程，焊缝长度范围为 10 ~ 1 000 mm。设焊缝长度为 300 mm，由于丝杆导程为 2 mm/round，则电机需要旋转 150 转才能达到 300 mm 的长度，因此需要输出的脉冲个数 n=150 r × 400 pulse/r=6 000 pulse，即[S2.]寄存器的值应当设定为 6 000。

焊接速度及焊缝长度的计算过程的 PLC 程序如图 3-15 所示。

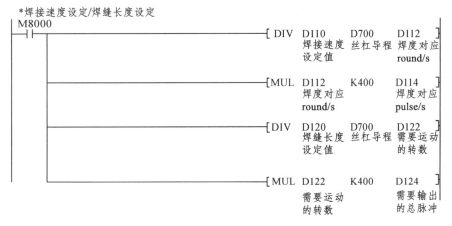

图 3-15　焊接速度及焊缝长度计算的 PLC 程序

其中，M8000 系统运行状态触点在 PLC 为 RUN 后一直为 ON。

在计算好相应的寄存器参数后，需要将相应的参数值通过 PLSY 指令进行脉冲输出。D110 存放焊接速度设定值（round/s），D700 为丝杆导程 2mm/round，D112 为该焊接速度下电机的对应的转速，D114 为该焊接速度下每秒钟需要输出的脉冲数。D120 存放焊缝长度的设定值，D122 表示该设定长度对应的电机转动圈数，D144 为该设定焊缝长度下需要输出的总脉冲数。焊接速度及焊缝长度脉冲输出 PLC 程序如图 3-16 所示。

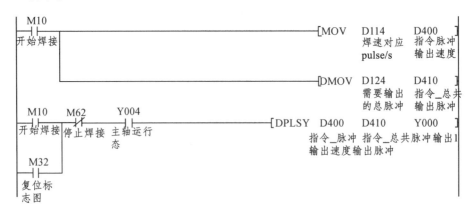

图 3-16　焊接速度及焊缝长度脉冲输出 PLC 程序

在按下开始焊接按钮后，M10 触点导通，通过 DPLSY 指令将设定参数的脉冲从 Y0 端子输出。

3. 手动前进/后退

实际工程中，为了便于调试，通常需要预留手动动作功能。图 3-17 所示为手动点动控制步进电机运行的程序。当 X4 得电，触发 X 轴点动行走（正向）；X5 得电（同时 Y2 置位），触发 X 轴反向点动行走。以上通过 PWM 脉冲调制指令启动 Y0 输出脉冲实现。Y4 代表设备的主轴是否在旋转状态，当主轴旋转时，手动功能失效。

图 3-17　X 轴点动 PLC 程序

4. 当前位置的实时显示

该程序用于将 Y0 输出的脉冲总数（pulse）换算成实时行走长度（mm）。具体计算公式为：

当前位置 X（D130）=行走脉冲总数（D300）÷脉冲细分数（400 ppr）×

丝杠导程（D700）

其计算过程如图 3-18 所示。

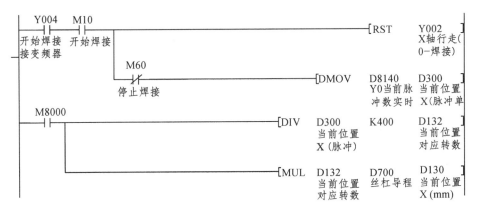

图 3-18　当前位置的计算

3.3.3　原点回归的实现

在进行设备的控制时，在完成既定的焊接任务后，通常都需要将搅拌头返回到初始位置，以便下道工件的作业。由于 DPLSY 指令 Y0 输出的脉冲个数保存在 D8140 中，因此可以通过另外的寄存器将当前输出的脉冲总数进行保存。在进行原点回归动作时，通过比较该脉冲总数和已回归的脉冲数的差值是否为 0，可以将机构驱动到初始位置。其程序实现过程如图 3-19 ~ 图 3-21 所示。

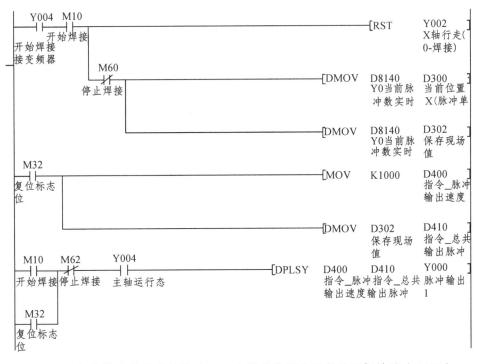

图 3-19　保存输出的脉冲总数（D302）并作为原点回归的目标地址（D410）

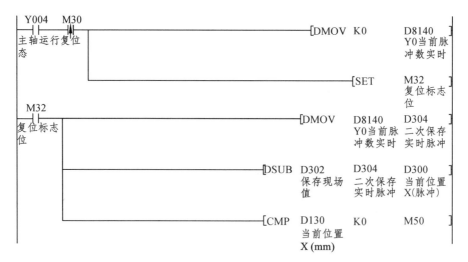

图 3-20　比较目标地址和已回归脉冲数的差值

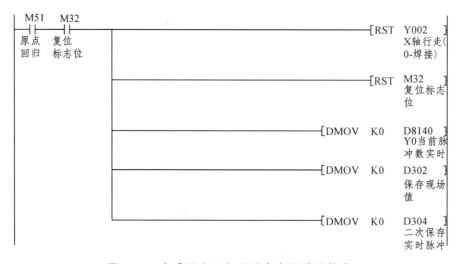

图 3-21　完成原点回归后的寄存器清零操作

3.3.4　PLC 与 LabVIEW 的接口程序

由于搅拌摩擦焊装置需要和上位机的 LabVIEW 程序进行通信，因此需要规划相应的寄存器、软元件等用于数据的传输。

图 3-22 表示在 PLC 为 RUN 期间，将 D130 的数值传送到 D500 便于 LabVIEW 程序读取以显示 X 轴位置，将 D140 的数值传送到 D502 便于 LabVIEW 读取显示 Y 轴位置，将 D200 寄存器中的温度数据加上 100 并转换为正数后传送到 D504 用于当前温度的显示。

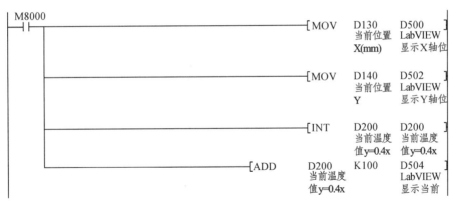

图 3-22　PLC 待上位机读取的寄存器设置

图 3-23 表示在 PLC 为 RUN 期间，将从 LabVIEW 接收到的焊接过程参数设定值（D600 设定转速、D601 设定焊接速度、D602 设定焊缝长度）分别移存到 D100、D110、D120 三个 PLC 寄存器中，用于后续 PLC 端的计算。

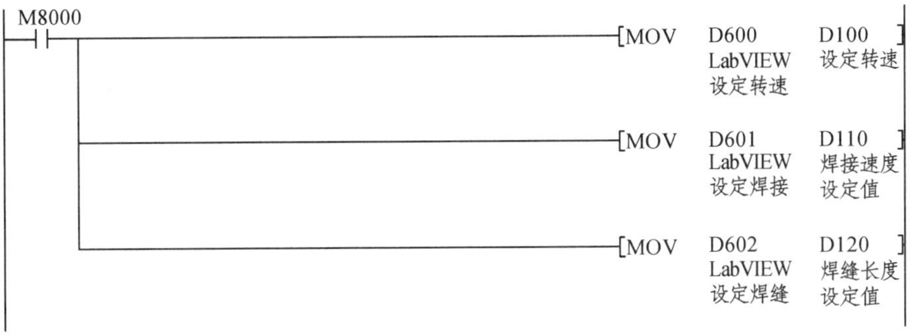

图 3-23　PLC 待写入寄存器的设置

图 3-24 表示在 PLC 为 RUN 期间，将 M0（运行状态指示）、M1（焊接状态指示）、M2（正向焊接状态指示）、M3（反向归零指示）等软元件的状态进行更新，以便于 LabVIEW 端程序的读取。

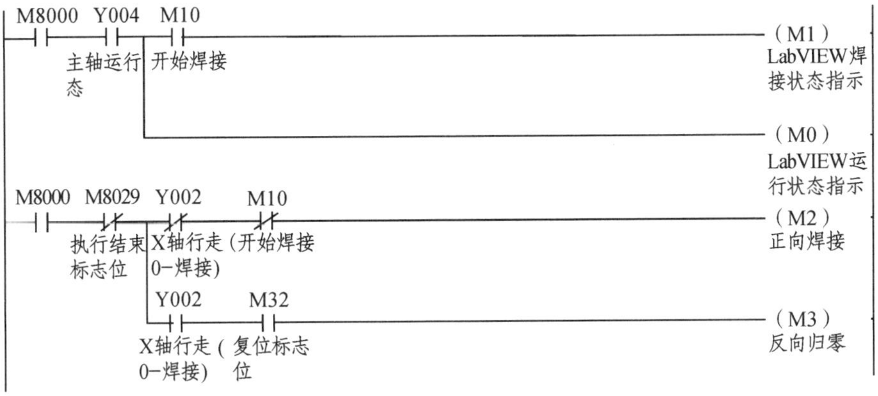

图 3-24　PLC 待上位机读取的软元件设置

图 3-25 表示在 PLC 为 RUN 期间,读取上位机 LabVIEW 端的操作按钮状态的程序, 其中 D603 为 LabVIEW 按钮状态寄存器, 存放的数值分别代表: 1——M101 吸合, 执行运行设备操作; 2——M105 吸合, 执行开始焊接操作; 4——M109 吸合, 执行关停设备操作; 8——M113 吸合, 执行焊后复位操作。

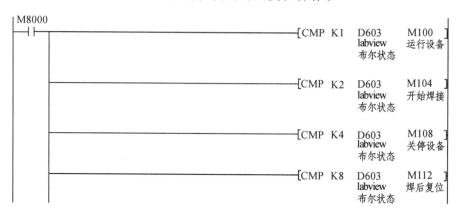

图 3-25　解析上位机按钮状态的 PLC 程序

第4章　搅拌摩擦焊装置的 LabVIEW 开发

4.1　熟悉 LabVIEW 编程环境

4.1.1　实验任务

通过本节的学习使读者熟悉 LabVIEW 的编程环境，并编写第一个简单的 VI 程序。假设有一台仪器，需要调整其输入电压，当调整电压超过某一设定电压值时，需通过指示灯的颜色变化发出警告。

重点：掌握常用控件及函数、结构的使用方法。

4.1.2　建立新的 VI 程序

启动 LabVIEW 程序，单击 VI 按钮，建立一个新的 VI 程序，这时将同时打开 LabVIEW 的前面板和后面板（框图程序面板），在前面板中显示控件选板，在后面板中显示函数选板。在两个面板中都会显示工具选板。

如果工具选板没有被显示出来，可以通过点击菜单中的"查看"（View）→"工具选板"（Tools Palette）来显示工具选板，通过点击"查看"（View）→"控件选板"（Controls Palette）显示控件选板，通过点击"查看"（View）→"函数选板"（Functions Palette）显示函数选板。

另外，也可在前面板的空白处单击鼠标右键，以弹出控件选板。

4.1.3　前面板设计

输入控制和输出显示可以从控件选板的各个子选板中选取。

本实验中，程序前面板中应有 1 个调压旋钮，1 个仪表，1 个指示灯以及 1 个关闭按钮，共 4 个控件。

（1）往前面板添加 1 个旋钮控件：依次选择"控件"（Controls）→"新式"（Modern）→"数值"（Numeric）→"旋钮"（Knob），如图 4-1 所示，并将标签改为"调压旋钮"。

（2）往前面板添加 1 个仪表控件：依次选择"控件"（Controls）→"新式"（Modern）→"数值"（Numeric）→"仪表"（Meter），如图 4-1 所示，并将标签改为"电压表"。

（3）往前面板添加 1 个指示灯控件：依次选择"控件"（Controls）→"新式"（Modern）→"布尔"（Boolean）→"圆形指示灯"（Round LED），如图 4-2 所示，将标签改为"上限灯"。

（4）往前面板添加 1 个停止按钮控件：依次选择"控件"（Controls）→"新式"（Modern）→"布尔"（Boolean）→"停止按钮"（Stop Button），如图 4-2 所示，将标签改为"关闭"。

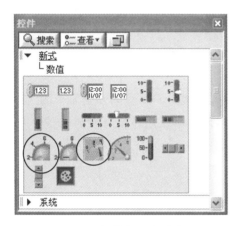 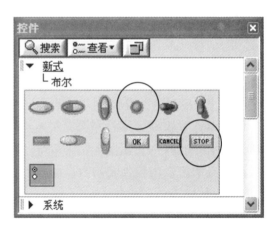

图 4-1　添加旋钮、仪表控件　　　　　图 4-2　添加指示灯、按钮控件

设计的程序前面板如图 4-3 所示。

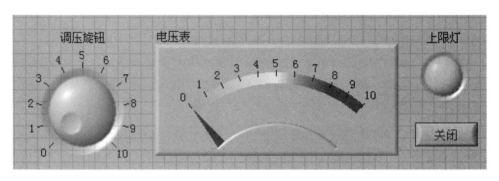

图 4-3　程序前面板

4.1.4　框图程序设计

1. 添加节点

每一个程序前面板都对应着一段框图程序。在框图程序中对 VI 编程，以控制和操纵定义在前面板上的输入和输出功能。

切换到框图程序设计面板，通过函数选板（Functions）添加节点。

（1）添加 1 个循环结构：依次选择"函数"（Functions）→"编程"（Programming）→"结构"（Structures）→While"循环"（While Loop），如图 4-4 所示。

以下添加的节点放置在循环结构框架中：

（2）添加 1 个数值常数节点：依次选择"函数"（Functions）→"编程"（Programming）→"数值"（Numeric）→"数值常量"（Numeric Constant），如图 4-5 所示，并将值改为 8。

（3）添加 1 个比较节点"≥"：依次选择"函数"（Functions）→"编程"（Programming）→"比较"（Comparison）→大于等于？（Greater Or Equal?），如图 4-6 所示。

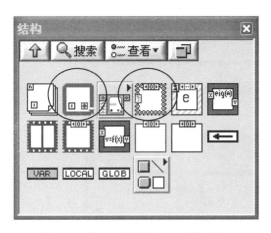

图 4-4　添加循环结构、条件结构

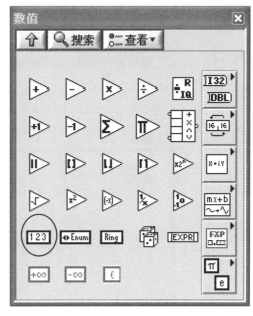

图 4-5　添加数值常数

（4）添加 1 个条件结构：依次选择"函数"（Functions）→"编程"（Programming）→"结构"（Structures）→"条件结构"（Case Structure），如图 4-4 所示。

（5）在条件结构的真（True）选项中，添加 1 个数值常数节点：依次选择"函数"（Functions）→"编程"（Programming）→"数值"（Numeric）→"数值常量"（Numeric Constant），如图 4-5 所示，将值设为 0。

（6）在条件结构的真（True）选项中，添加 1 个比较节点：依次选择"函数"（Functions）→"编程"（Programming）→"比较"（Comparison）→不等于 0？（Not Equal To 0?），如图 4-6 所示。

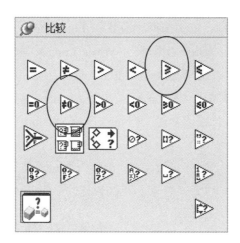

图 4-6　添加比较节点

（7）分别将调压旋钮图标、电压表图标、停止按钮图标从外拖入循环结构中；将上限灯图标拖入条件结构的 True 选项中。

以上添加的所有节点及其布置如图 4-7 所示。

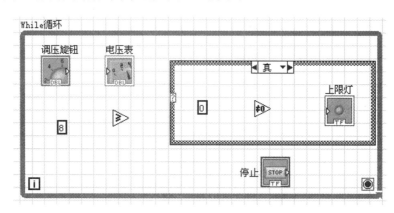

图 4-7　框图程序——节点布置图 1

（8）在条件结构的假（False）选项中，添加 1 个数值常数节点：依次选择"函数"（Functions）→"编程"（Programming）→"数值"（Numeric）→"数值常量"（Numeric Constant），如图 4-5 所示，将值设为 1。

（9）在条件结构的假（False）选项中，添加 1 个比较节点：依次选择"函数"（Functions）→"编程"（Programming）→"比较"（Comparison）→"不等于 0？"（Not Equal To 0？），如图 4-6 所示。

（10）添加 1 个局部变量节点：依次选择"函数"（Functions）→"编程"（Programming）→"结构"（Structures）→"局部变量"（Local Variable），如图 4-8 所示。

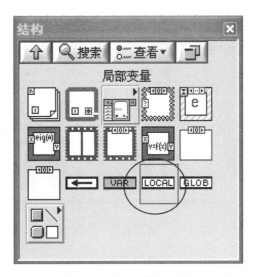

图 4-8　添加局部变量

选择该局部变量节点，单击鼠标右键，在弹出菜单的选择项（Select Item）子菜单下，选择对象名称"上限灯"，其读写属性默认为"写"属性。将该局部变量拖入条件结构的假（False）选项中。

至此，添加的所有节点及其布置如图 4-9 所示。

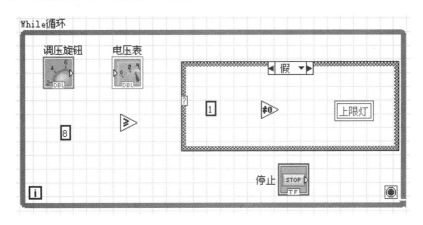

图 4-9　框图程序——节点布置图 2

2. 连　线

使用工具箱中的连线工具 ，将所有节点连接起来。连好线的框图程序如图 4-10 与图 4-11 所示。

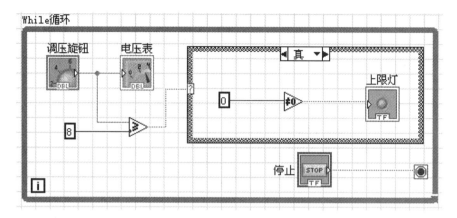

图 4-10　框图程序——连线 1

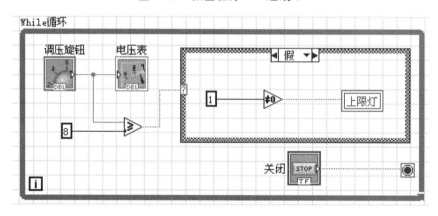

图 4-11　框图程序——连线 2

当把连线工具放在节点端口上时，该端口区域将会闪烁，表示连线将会接通该端口。当把连线工具从一个端口接到另一个端口时，不需要按住鼠标键。当需要连线转弯时，单击一次鼠标键，即可以正交垂直方向地弯曲连线，按空格键可以改变转角的方向。本实验具体连线步骤如下：

（1）将调压旋钮的输出端口与电压表的输入端口相连。

（2）将调压旋钮的输出端口与比较节点"≥"的输入端口 x 相连。

（3）将数值常数节点（值为 8）与比较节点"≥"的输入端口 y 相连。

（4）将比较节点"≥"的输出端口"x >= y?"与条件结构上的选择端口"？"相连。

（5）在条件结构的真（True）选项中，将数值常数节点（值为 0）与比较节点"不等于 0？（Not Equal To 0 ？）"的输入端口 x 相连。

（6）在条件结构的真（True）选项中，将比较节点"不等于 0？（Not Equal To 0 ？）"的输出端口"x != 0？"与上限灯图标相连。

（7）在条件结构的假（False）选项中，将数值常数节点（值为 1）与比较节点"不等于 0？（Not Equal To 0？）"的输入端口 x 相连。

（8）在条件结构的假（False）选项中，将比较节点"不等于 0？（Not Equal To 0？）"的输出端口"x != 0?"与局部变量"上限灯"相连。

（9）将按钮图标（标签为"关闭"）与 While 循环（While Loop）结构的条件端口相连。

4.1.5　运行程序

进入前面板，单击快捷工具栏"Run"按钮，运行程序。

程序运行画面如图 4-12 所示。用鼠标"转动"调压旋钮，可以看到仪表指针随之转动；当调整值大于等于 8 时，上限灯变换颜色。

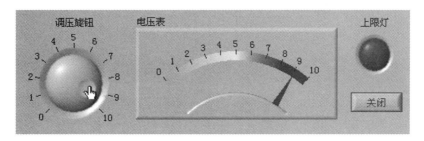

图 4-12　程序运行画面

4.1.6　程序的保存与载入

1. 程序的保存

从"文件"（File）下拉菜单中选择"保存"（Save）或"另存为"（Save as...）来保存 VI，既可以把 VI 作为单独的程序文件保存，也可以把一些 VI 程序文件同时保存在一个 VI 库中，VI 库文件的扩展名为.lib。NI 公司推荐将程序的开发文件作为单独的程序文件保存在指定的目录下，尤其是开发小组共同开发一个项目时。

使用单独的文件存储程序的优点包括：使用系统资源管理器提供的各种工具来管理单独的文件；使用子目录，可将 VIs 和控件程序分别保存在不同的文件里；可以充分利用专业开发版系统内置的代码管理工具。

2. 程序的载入

在启动界面上单击"打开"（Open）按钮或在前面板上从"文件"（File）菜单选择"打开"（Open...）均可将 VI 装进内存。这时将出现一个文件对话框，对话框中列出了 VI 目录及库文件，每一个文件名前均带有一个图标。

单击 VI 库或目录的图标，然后单击"打开"按钮将其打开，直接双击 VI 库或目录的图标也可以将其打开。打开目录或库文件后，定位想要打开的 VI 文件，单击"打开"按钮打开，或直接双击图标将其打开。

还有一种较简便的方法可以打开已有的 VI。如果该 VI 在不久前使用过，则可以在"文件"（File）菜单下"近期打开的文件"（Recently Opened Files）下拉列表中出现的 VI 中找到并打开，也可以单击 LabVIEW 启动窗口"打开"（Open）按钮右侧的下三角按钮，也会弹出最近使用过的 VI 的列表。

4.2 搅拌头温度采集实验

4.2.1 实验任务

设计 LabVIEW 程序，从三菱 FX2N PLC 中读取从 D500~D505 这 6 个寄存器中的数值。其中，D500——当前焊接位置 X；D502——当前焊接位置 Z；D504——搅拌头温度。应注意，为了保证无符号数的传输，D504 中存放的值为实际温度值加上 100，编程时需将这个偏置数 100 去掉。

重点：串口通信参数设定；计算机读取三菱 PLC 字元件数据时的命令码计算；串口通信数据的写入与读取；数据格式的转换、数组的索引等。

4.2.2 PC 与 PLC 串口通信调试

PC 与三菱 PLC 通信采用编程口通信协议。当 PC 从 PLC 读取数据时，需要向 PLC 发送的命令格式如表 4-1 所示。

表 4-1　PC 读取三菱 PLC 字元件的命令帧格式

起始字符	命令	首地址	字节数	结束符	和校验码
STX	CMD	GROUP ADDRESS	BYTES	ETX	SUM

PLC 接收到命令后，返回的数据格式如表 4-2 所示。

表 4-2　三菱 PLC 返回字元件值的数据帧格式

起始字符	返回的寄存器值			结束符	和校验码
STX	1ST DATA	2ND DATA	…… LAST DATA	ETX	SUM

注：最多可以读取 64 个字节的数据。

为了读取 PLC 中从 D500 到 D505 的数据，先使用串口调试助手发送读取指令，并获取这些存储地址中的值，以作为后续 PC 端 LabVIEW 程序指令发送、数据读取、解析串口缓冲区数值的参考。

打开"串口调试助手"程序，设置串口号为 COM1、波特率为 9600、校验位为 EVEN（偶校验）、数据位为 7、停止位为 1 等。注意：设置的通信参数必须与 PLC 一致，选择"十六进制显示"和"十六进制发送"。

实验中，发送读指令的获取过程如下：

开始字符 STX：02H。

命令码 CMD（读）：0（ASCⅡ值为 30H）。

寄存器 D500 起始地址计算：5000×2=1000，转成十六进制数为 3E8H，则 ADDR = 1000H + 3E8H = 13E8H（其 ASCⅡ值为 31H 33H 45H 38H）。

字节数 NUM：0CH（ASCⅡ值为 30H 43H），返回 6 个通道的数据。

结束字符 EXT：03H。

累加和 SUM：30H + 31H + 33H + 45H + 38H + 30H + 43H + 03H = 187H，累加和超过两位数时，取它的低两位，即 SUM 为 87H，87H 的 ASCⅡ值为 38H 37H。

因此，对应的读命令帧格式为：

02 30 31 33 45 38 30 43 03 38 37

打开串口，在串口调试助手的发送区输入上述指令，单击"发送"按钮，PLC 收到命令，如果指令正确执行，接收区显示返回应答帧，为"02 30 30 30 30 30 30 30 30 30 30 30 30 30 30 30 30 **33 32 30 30** 30 30 30 30 03 38 38"，如未正确执行，则返回 NAK 码（15H），如图 4-13 所示。

图 4-13　PC 与 PLC 串口通信调试

返回的应答帧中，"**33 32 30 30**"为第五通道（D504）检测的温度值，为 ASCⅡ码形式，低字节在前，高字节在后，实际为"**30 30 33 32**"，转换成十六进制为"**00 32**"，再转换成十进制为 50，与 GX-Developer 编程软件中的监控值相同。

4.2.3　PC 端 LabVIEW 程序设计

1. 前面板设计

（1）为了显示温度测量值，添加 1 个数值显示控件：依次选择"控件"→"新式"→"数值显示控件"，将其标签改为"当前焊接环境温度值:"。

（2）为了显示测量温度的实时变化曲线，添加 1 个实时图形显示控件：依次选择"控件"→"新式"→"图形"→"波形图表"，将标签改为"实时曲线"，将 Y 轴标尺范围改为-50 ~ +50。

（3）为了获得串行端口号，添加 1 个串口资源检测控件：依次选择"控件"→"新式"→"I/O"→"VISA 资源名称"，单击控件箭头，选择串口号，如 COM1。

设计的程序前面板如图 4-14 所示。

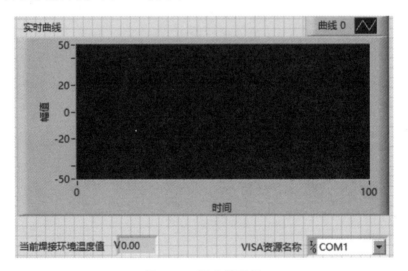

图 4-14　程序前面板

2. 框图程序设计

1）串口初始化程序设计

（1）添加一个顺序结构：依次选择"函数"→"编程"→"结构"→"层叠式顺序结构"。

将其帧设置为 4 个（序号 0 ~ 3）。设置方法：选中层叠式顺序结构上边框，单击鼠标右键，执行"在后边添加帧"命令 3 次。

（2）为了设置通信参数，在顺序结构 Frame0 中添加 1 个串口配置函数：依次选择"函数"→"仪器 I/O"→"串口"→"VISA 配置串口"。

（3）为了设置通信参数值，在顺序结构 Frame0 中添加 4 个数值常量：依次选择"函数"→"编程"→"数值"→"数值常量"，值分别为 9600（波特率）、7（数据位）、2（校验位，偶校验）、10（这里系统规定的设置值为 10，对应 1 位停止位）。

（4）将 VISA 资源名称函数的输出端口与串口配置函数的输入端口 VISA 资源名称相连。

（5）将数值常量 9600、7、2、10 分别与 VISA 配置串口函数的输入端口波特率、数据比特、奇偶、停止位相连。

连接好的框图程序如图 4-15 所示。

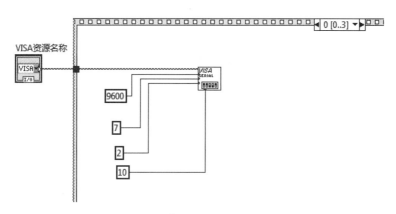

图 4-15　串口初始化框图程序

2）发送指令框图程序

（1）为了发送指令到串口，在顺序结构 Frame1 中添加 1 个串口写入函数：依次选择"函数"→"仪器 I/O"→"串口"→"VISA 写入"。

（2）在顺序结构 Frame1 中添加 11 个字符串常量：依次选择"函数"→"编程"→"字符串"→"字符串常量"。将 11 个字符串常量的值分别改为 02、30、31、33、45、38、30、43、03、38、37（即读取 PLC 寄存器 D500～D505 中的数据指令）。

（3）在顺序结构 Frame1 中添加 11 个十六进制数字符串至数值转换函数：依次选择"函数"→"编程"→"字符串"→"字符串/数值转换"→"十六进制数字符串至数值转换"。

（4）将 11 个字符串常量分别与 11 个十六进制数字符串至数值转换函数的输入端口字符串相连。

（5）在顺序结构 Frame1 中添加 1 个创建数组函数：依次选择"函数"→"编程"→

"数组"→"创建数组",并设置为 11 个元素。

（6）将 11 个十六进制数字符串转换函数的输出端口分别与创建数组函数的对应输入端口元素相连。

（7）在顺序结构 Frame1 中添加字节数组转字符串函数：依次选择"函数"→"编程"→"字符串"→"字符串/数组/路径转换"→"字节数组至字符串转换"。

（8）将创建数组函数的输出端口添加的数组与字节数组至字符串转换函数的输入端口无符号字节数组相连。

（9）将字节数组至字符串转换函数的输出端口字符串与 VISA 写入函数的输入端口写入缓冲区相连。

（10）将 VISA 资源名称函数的输出端口与 VISA 写入函数的输入端口 VISA 资源名称相连。

连接好的框图程序如图 4-16 所示。

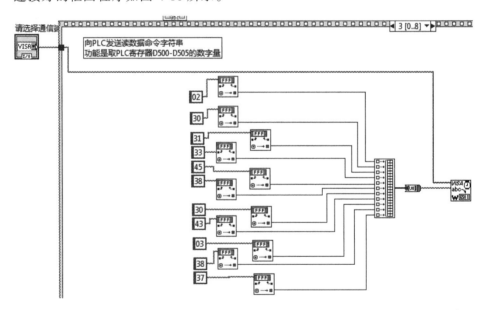

图 4-16　发送指令框图程序

3）延时框图程序

（1）为了以一定的周期读取 PLC 的返回数据，在顺序结构 Frame2 中添加 1 个时钟函数：依次选择"函数"→"编程"→"定时"→"等待下一个整数倍毫秒"。

（2）在顺序结构 Frame2 中添加 1 个数值常量：依次选择"函数"→"编程"→"数值"→"数值常量"，将值改为 500（时钟频率值）。

（3）将数值常量（值为 500）与等待下一个整数倍毫秒函数的输入端口毫秒倍数相连。

连接好的框图程序如图 4-17 所示。

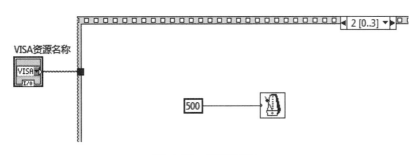

图 4-17　延时程序

4）接收数据框图程序

（1）为了获得串口缓冲区数据个数，在顺序结构 Frame3 中添加 1 个串口字节数函数：依次选择"函数"→"仪器 I/O"→"串口"→"VISA 串口字节数"。

（2）为了从串口缓冲区获取返回数据，在顺序结构 Frame3 中添加 1 个串口读取函数：依次选择"函数"→"仪器 I/O"→"串口"→"VISA 读取"。

（3）在顺序结构 Frame3 中添加 1 个字符串转字节数组函数：依次选择"函数"→"编程"→"字符串"→"字符串/数组/路径转换"→"字符串至字节数组转换"。

（4）在顺序结构 Frame3 中添加 4 个索引数组函数：依次选择"函数"→"编程"→"数组"→"索引数组"。

（5）添加 4 个数值常量：依次选择"函数"→"编程"→"数值"→"数值常量"，值分别是 18、19、20、21。

（6）将 VISA 资源名称函数的输出端口与串口字节数函数的输入端口引用相连。

（7）将串口字节函数的输出端口"Number of bytes at Serial port"与 VISA 读取函数的输入端口字节总数相连。

（8）将 VISA 读取函数的输出端口读取缓冲区与字符串至字节数组转换函数的输入端口字符串相连。

（9）将字符串至字节数组转换函数的输出端口无符号字节数组分别与 4 个索引数组函数的输入端口数组相连。

（10）将数值常量（值为 17、18、19、20）分别与索引数组函数的输入端口索引相连。

（11）添加 1 个数值常量：依次选择"函数"→"编程"→"数值"→"数值常量"，选中该常量，单击右键，选择"属性"项，出现数值常量属性对话框，选择格式与精度，选择十六进制，确定后输入 30。减 30 的作用是将读取的 ASCII 码转换为十六进制。

（12）添加如下功能并连线：将十六进制焊接环境温度值转换为十进制数（进制数转换算法）。

连接好的框图程序如图 4-18 所示。

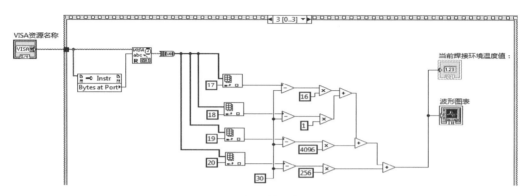

图 4-18　接收数据框图程序

3. 运行程序

程序设计、调试完毕，单击快捷工具栏"连续运行"按钮，运行程序。此时，PC 读取并显示 PLC 检测的温度值，同时绘制温度实时变化曲线。程序运行界面如图 4-19 所示。

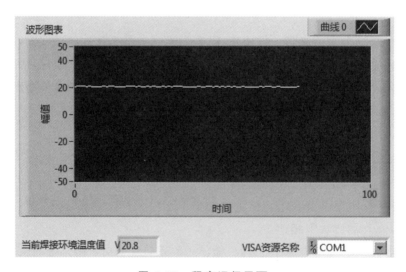

图 4-19　程序运行界面

思考题

1. 如何将实验中所采集到的温度数据实时存储到 Excel 工作表中？

2. 实验中，采用减 "30H" 的方式将读取的 ASCⅡ 值转换为十六进制数值，这种转化方式是否存在问题，如何更正？（提示：ASCⅡ 码 48 ~ 57 对应的字符为 0 ~ 9，ASCⅡ 码 65 ~ 70 对应的字符为 A ~ F）

4.3　搅拌头转速调节实验

4.3.1　实验任务

设计 LabVIEW 程序，向三菱 FX2N PLC 的寄存器 D600 中写入数值 1000。其中，D600——焊机搅拌头转速（100 ~ 2 880 r/min）；D601——焊接速度；D602——焊缝长度。应注意，PC 发送到 PLC 的数值（范围 100 ~ 2 880，反映旋转主轴速度大小）由 FX0N-3A 的模拟量输出 1 通道（CH1）V+ 与公共端 COM 之间输出。

重点：计算机往三菱 PLC 字元件写入数据时的命令码计算，自动奇偶校验的实现等。

4.3.2　PC 与 PLC 串口通信调试

PC 与三菱 PLC 通信采用编程口通信协议。当 PC 从 PLC 写入数据时，需要向 PLC 发送的命令格式如表 4-3 所示。

表 4-3　PC 写入三菱 PLC 字元件的命令帧格式

起始字符	命令	首地址	字节数	数据			结束符	和校验码
STX	CMD	GROUP ADDRESS	BYTES	1ST DATA	……	LAST DATA	ETX	SUM

PLC 接收到命令后，返回值如下：

ACK（06H）：接收正确；

NAK（15H）：接收错误。

为了往 PLC 的 D600 中写入数据，先使用串口调试助手发送写入指令，并查看返回值，以作为后续 PC 端 LabVIEW 程序指令发送、校验的参考。

打开 "串口调试助手" 程序，设置串口号为 COM1、波特率为 9600、校验位为 EVEN（偶校验）、数据位为 7、停止位为 1 等。注意：设置的通信参数必须与 PLC 一致，选择 "十六进制显示" 和 "十六进制发送"。

实验中，发送写指令的获取过程如下：

开始字符 STX：02H。

命令码 CMD（写）：1（ASCⅡ 值为 31H）。

寄存器 D600 起始地址计算：600×2=1 200，转成十六进制数为 4B0H，则 ADDR = 1000H + 4B0H = 14B0H（其 ASCⅡ值为 31H 34H 42H 30H）。

字节数 NUM：02H（ASCⅡ值为 30H 32H），写入 1 个通道的数据。

数据 DATA：写给 D600 的数据为 1000，转换成 16 进制为 03E8，其 ASCⅡ码值为：30H 33H 45H 38H，低字节在前，高字节在后，在指令中应为 45 38 30 33。

结束字符 EXT：03H。

累加和 SUM：31H + 31H + 34H + 42H + 30H + 30H + 32H + 45H + 38H + 30H + 33H + 03H = 24DH。累加和超过两位数时，取它的低两位，即 SUM 为 4DH，4DH 的 ASCⅡ值为 34H 44H。

因此，对应的写命令帧格式为：

02 31 31 34 42 30 30 32 45 38 30 33 03 34 44

打开串口，在串口调试助手的发送区输入上述指令，单击"发送"按钮，PLC 收到命令。如果指令正确执行，接收区显示返回应答帧"06"，如未正确执行，则返回 NAK 码（15H），如图 4-20 所示。

图 4-20　PC 与 PLC 串口通信调试

发送成功后，使用万用表测量 FX0N-3A 扩展模块的模拟量输出通道 1，输出电压值应该是 3.5 V（1 000/2 880×10 V）。

4.3.3　PC 端 LabVIEW 程序设计

1. 前面板设计

（1）为了输出电压值，添加 1 个开关控件：依次选择"控件"→"新式"→"布尔"→"垂直滑动杆开关控件"，将标签改为"搅拌头输出 1000 r/min"。

（2）为了获得串行端口号，添加 1 个串口资源检测控件：依次选择"控件"→"新式"→"I/O"→"VISA 资源名称"，单击控件箭头，选择串口号，如 COM1。

设计的程序前面板如图 4-21 所示。

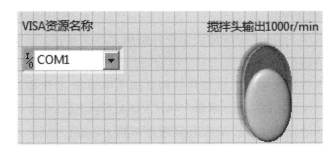

图 4-21　程序前面板

2. 框图程序设计

1）串口初始化程序设计

（1）添加一个顺序结构：依次选择"函数"→"编程"→"结构"→"层叠式顺序结构"。

将其帧设置为 3 个（序号 0～2）。设置方法：选中层叠式顺序结构上边框，单击鼠标右键，执行"在后边添加帧"命令 2 次。

（2）为了设置通信参数，在顺序结构 Frame0 中添加 1 个串口配置函数：依次选择"函数"→"仪器 I/O"→"串口"→"VISA 配置串口"。

（3）为了设置通信参数值，在顺序结构 Frame0 中添加 4 个数值常量：依次选择"函数"→"编程"→"数值"→"数值常量"，值分别为 9600（波特率）、7（数据位）、2（校验位，偶校验）、10（这里系统规定的设置值为 10，对应 1 位停止位）。

（4）将 VISA 资源名称函数的输出端口与串口配置函数的输入端口 VISA 资源名称相连。

（5）将数值常量 9600、7、2、10 分别与 VISA 配置串口函数的输入端口波特率、数据比特、奇偶、停止位相连。

连接好的框图程序如图 4-22 所示。

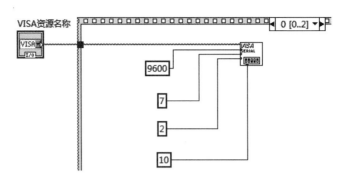

图 4-22   串口初始化框图程序

2）发送指令框图程序

（1）在顺序结构 Frame1 中添加 1 个条件结构：依次选择"函数"→"编程"→"结构"→"条件结构"。

（2）为了发送指令到串口，在条件结构真选项中添加 1 个串口写入函数：依次选择"函数"→"仪器 I/O"→"串口"→"VISA 写入"。

（3）将垂直滑动杆开关控件图标移到顺序结构 Frame1 中。

（4）将垂直滑动杆开关控件的输出端口与条件结构的选择端口 ？ 相连。

（5）在条件结构真选项中添加 15 个字符串常量：依次选择"函数"→"编程"→"字符串"→"字符串常量"。将 15 个字符串常量的值分别改为 02、31、31、34、42、30、30、32、45、38、30、33、03、34、44（即向 PLC 寄存器 D600 中的写入数据 1000）。

（6）在条件结构真选项中添加 15 个十六进制数字符串至数值转换函数：依次选择"函数"→"编程"→"字符串"→"字符串/数值转换"→"十六进制数字符串至数值转换"。

（7）将 15 个字符串常量分别与 15 个十六进制数字符串至数值转换函数的输入端口字符串相连。

（8）在条件结构真选项中添加 1 个创建数组函数：依次选择"函数"→"编程"→"数组"→"创建数组"。并设置为 15 个元素。

（9）将 15 个十六进制数字符串转换函数的输出端口分别与创建数组函数的对应输入端口元素相连。

（10）在条件结构真选项中添加字节数组转字符串函数：依次选择"函数"→"编程"→"字符串"→"字符串/数组/路径转换"→"字节数组至字符串转换"。

（11）将创建数组函数的输出端口添加的数组与字节数组至字符串转换函数的输入端口无符号字节数组相连。

（12）将字节数组至字符串转换函数的输出端口字符串与 VISA 写入函数的输入端口写入缓冲区相连。

（13）将 VISA 资源名称函数的输出端口与 VISA 写入函数的输入端口 VISA 资源名称相连。

连接好的框图程序如图 4-23 所示。

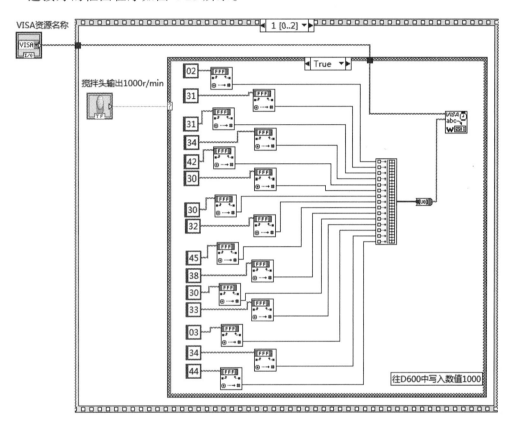

图 4-23　发送指令框图程序

3）延时框图程序

（1）在顺序结构 Frame2 中添加 1 个时钟函数：依次选择"函数"→"编程"→"定时"→"等待下一个整数倍毫秒"。

（2）在顺序结构 Frame2 中添加 1 个数值常量：依次选择"函数"→"编程"→"数值"→"数值常量"，将值改为 500（时钟频率值）。

（3）将数值常量（值为 500）与等待下一个整数倍毫秒函数的输入端口毫秒倍数相连。

连接好的框图程序如图 4-24 所示。

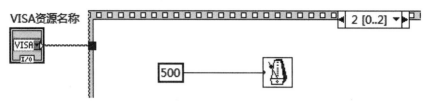

图 4-24　延时程序

3. 运行程序

程序设计、调试完毕，单击快捷工具栏"连续运行"按钮，运行程序。单击滑动开关，三菱 PLCFX0N-3A 模块输出通道输出 3.5 V 电压，程序运行界面如图 4-25所示。

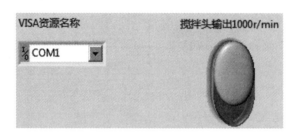

图 4-25　程序运行界面

思考题

1. 实验中的奇偶校验码依靠的是人工计算命令码后手动输入，导致编程时计算工作量大且容易出错，请编写程序实现自动生成奇偶校验码和最终命令码的程序。

2. 实际工程中常常需要更改速度的设定值，也就是说需要传送不同的数据值。而采用本实验中的固定命令码发送的形式无法满足这种需求。请编写程序，能够接收根据文本框中输入的一个数据，自动生成命令码（包括奇偶校验码），然后写入 PLC中控制模拟量输出。

3. 在程序编写过程中，为了提高单个功能程序的利用性和提高效率，往往需要将具有某种功能的程序制作成独立的单个子程序，以供任意程序调用。请将上题中具有奇偶校验功能的部分程序制成单独的子程序，并提供接口供以后的实验调用。

4.4　焊机开关控制实验

4.4.1　实验任务

采用 LabVIEW 语言编写程序，实现 PC 与三菱 FX2N-32MT PLC 的数据通信，要求在 PC 程序界面中指定元件地址，单击置位/复位（或打开/关闭）命令按钮，将指定地址的元件端口（继电器）状态设置为 ON 或 OFF，使线路中 PLC 指示灯亮/灭。

重点：计算机置位三菱 PLC 位元件时的命令码计算、布尔数组的创建与数据类型转换、多个字元件值的同时写入、子程序的创建及调用。

4.4.2　PC 与 PLC 串口通信调试

PC 与三菱 PLC 通信采用编程口通信协议。当从 PC 往 PLC 进行位元件的置位/复位时，需要向 PLC 发送的命令格式分别如表 4-4、表 4-5 所示。

表 4-4　PC 置位三菱 PLC 位元件的命令帧格式（1）

起始字符	命令	地址	结束符	和校验码
STX	CMD	ADDRESS	ETX	SUM
02H	37H	address	03H	sum

表 4-5　PC 复位三菱 PLC 位元件的命令帧格式（2）

起始字符	命令	地址	结束符	和校验码
STX	CMD	ADDRESS	ETX	SUM
02H	38H	address	03H	sum

PLC 接收到命令后，返回：

ACK（06H）：接受正确；

NAK（15H）：接受错误。

为了置位/复位 PLC 的 Y0 输出端口，先采用串口调试助手发送指令，并查看返回值和观察 Y0 输出灯的状态，以作为后续 PC 端 LabVIEW 程序指令发送、校验的参考。

打开"串口调试助手"程序，设置串口号为 COM1、波特率为 9600、校验位为 EVEN（偶校验）、数据位为 7、停止位为 1 等。注意：设置的通信参数必须与 PLC 一致，选择"十六进制显示"和"十六进制发送"。

例如，将 Y0 强制置位成 1，再强制复位成 0，发送写指令的获取过程如下：

开始字符 STX：02H。

命令码 CMD：强制置位为 7，ASCⅡ码为 37H；强制复位为 8，ASCⅡ码为 38H。

地址：实际地址为 Y0，计算地址为 0500（输出单元的置位复位首地址）。因后两位先发送，前两位后发送，则命令码中发送的地址格式为 0005，其 ASCⅡ码值为

30H 30H 30H 35H。

结束字符 EXT：03H。

强制置位的累加和 SUM：37H + 30H + 30H + 30H + 35H + 03H = FFH，FFH 的 ASCⅡ码值为 46H 46H。

强制复位的累加和 SUM：38H + 30H + 30H + 30H + 35H + 03H = 100H，累加和超过两位时，取它的低两位，即 SUM 为 00H，00H 的 ASCⅡ码值为 30H 30H。

对应的强制置位写命令帧格式为：

02 37 30 30 30 35 03 46 46

对应的强制复位写命令帧格式为：

02 38 30 30 30 35 03 30 30

在串口调试助手发送区输入命令，单击"手动发送"按钮，PLC 接收命令。如果指令正确执行，接收区显示返回 ACK 码 06，如果指令错误执行，接收区显示返回 NAK 码（15H），如图 4-26 所示。

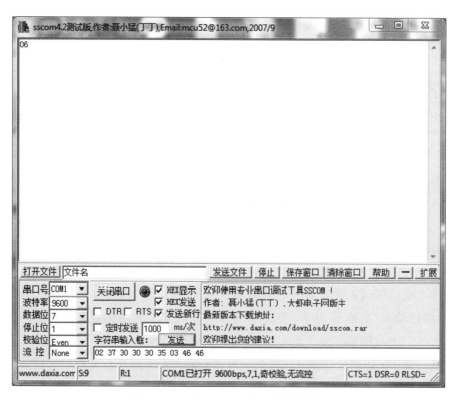

图 4-26　PC 与 PLC 串口通信调试

如果执行强制置位命令，PLC 输出端口 Y0 指示灯亮；如果执行强制复位命令，PLC 输出端口 Y0 指示灯灭。

4.4.3　PC 端 LabVIEW 程序设计

1. 前面板设计

（1）为了输出开关信号，添加 1 个开关控件：依次选择"控件"→"新式"→"布尔"→"垂直滑动杆开关控件"，将标签改为"Y0"。

（2）为了获得串行端口号，添加 1 个串口资源检测控件：依次选择"控件"→"新式"→"I/O"→"VISA 资源名称"，单击控件箭头，选择串口号，如 COM1。

设计的程序前面板如图 4-27 所示。

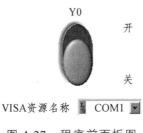

图 4-27　程序前面板图

2. 框图程序设计

1）串口初始化程序设计

（1）添加一个顺序结构：依次选择"函数"→"编程"→"结构"→"层叠式顺序结构"。

将其帧设置为 3 个（序号 0~2）。设置方法：选中层叠式顺序结构上边框，单击鼠标右键，执行"在后边添加帧"命令 2 次。

（2）为了设置通信参数，在顺序结构 Frame0 中添加 1 个串口配置函数：依次选择"函数"→"仪器 I/O"→"串口"→"VISA 配置串口"。

（3）为了设置通信参数值，在顺序结构 Frame0 中添加 4 个数值常量：依次选择"函数"→"编程"→"数值"→"数值常量"，值分别为 9600（波特率）、7（数据位）、2（校验位，偶校验）、10（这里系统规定的设置值为 10，对应 1 位停止位）。

（4）将 VISA 资源名称函数的输出端口与串口配置函数的输入端口 VISA 资源名称相连。

（5）将数值常量 9600、7、2、10 分别与 VISA 配置串口函数的输入端口波特率、数据比特、奇偶、停止位相连。

连接好的框图程序如图 4-28 所示。

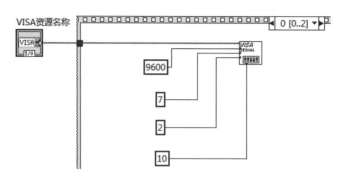

图 4-28 串口初始化框图程序

2）发送指令框图程序

（1）在顺序结构 Frame1 中添加 1 个条件结构：依次选择"函数"→"编程"→"结构"→"条件结构"。

（2）在条件结构真选项中添加 9 个字符串常量：依次选择"函数"→"编程"→"字符串"→"字符串常量"。将 9 个字符串常量的值分别改为 02、37、30、30、30、35、03、46、46（即向 PLC 发送指令，将 Y0 强制置位为 1）。

（3）在条件结构假选项中添加 9 个字符串常量：依次选择"函数"→"编程"→"字符串"→"字符串常量"。将 9 个字符串常量的值分别改为 02、38、30、30、30、35、03、30、30（即向 PLC 发送指令，将 Y0 强制复位为 0）。

（4）在顺序结构 Frame1 中添加 9 个十六进制数字符串至数值转换函数：依次选择"函数"→"编程"→"字符串"→"字符串/数值转换"→"十六进制数字符串至数值转换"。

（5）分别将条件结构真、假选项中的 9 个字符串常量分别与 9 个十六进制数字符串至数值转换函数的输入端口字符串相连。

（6）在顺序结构 Frame1 中添加 1 个创建数组函数：依次选择"函数"→"编程"→"数组"→"创建数组"。并设置为 9 个元素。

（7）将 9 个十六进制数字符串转换函数的输出端口分别与创建数组函数的对应输入端口元素相连。

（8）在顺序结构 Frame1 中添加字节数组转字符串函数：依次选择"函数"→"编程"→"字符串"→"字符串/数组/路径转换"→"字节数组至字符串转换"。

（9）将创建数组函数的输出端口添加的数组与字节数组至字符串转换函数的输入端口无符号字节数组相连。

（10）为了发送指令到串口，在条件结构真选项中添加 1 个串口写入函数：依次选择"函数"→"仪器 I/O"→"串口"→"VISA 写入"。

（11）将字节数组至字符串转换函数的输出端口字符串与 VISA 写入函数的输入端口写入缓冲区相连。

（12）将 VISA 资源名称函数的输出端口与 VISA 写入函数的输入端口 VISA 资源名称相连。

（13）将垂直滑动杆开关控件的图标移到顺序结构 Frame1 中，并将其输出端口与条件结构的选择端口 相连。

连接好的框图程序如图 4-29 所示。

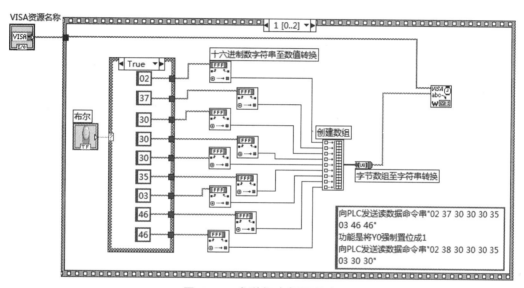

图 4-29　发送指令框图程序

3）延时框图程序

（1）在顺序结构 Frame2 中添加 1 个时钟函数：依次选择"函数"→"编程"→"定时"→"等待下一个整数倍毫秒"。

（2）在顺序结构 Frame2 中添加 1 个数值常量：依次选择"函数"→"编程"→"数值"→"数值常量"，将值改为 500（时钟频率值）。

（3）将数值常量（值为 500）与等待下一个整数倍毫秒函数的输入端口毫秒倍数相连。

连接好的框图程序如图 4-30 所示。

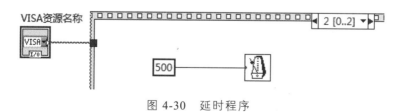

图 4-30　延时程序

3. 运行程序

程序设计、调试完毕，单击快捷工具栏"连续运行"按钮，运行程序。设置串行端口，单击滑动开关，将 Y0 置位为 1，再复位为 0，相应指示灯亮或灭。程序运行界面如图 4-31 所示。

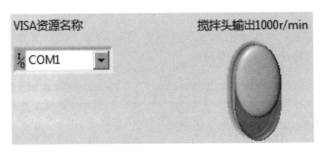

图 4-31　程序运行界面

思考题

1. 本实验中采用传统置位/复位位元件的方式对输出端口进行操作，如果控制系统中存在多个输出开关，那么用 LabVIEW 编程时会有大量重复性的置位/复位语句。设计 LabVIEW 程序，将搅拌摩擦焊机的控制按钮进行数值组合并写入三菱 FX2N PLC 的寄存器 D603 中。其定义如下：1（0001）——运行设备；2（0010）——开始焊接；4——焊后归位（0100）；8（1000）——关停设备。

2. 请在上述思考题 1 的基础上，增加一个可以调整搅拌摩擦焊搅拌头旋转速度的功能。

4.5　焊机状态读取实验

4.5.1　实验任务

采用 LabVIEW 语言编写程序，实现 PC 与三菱 FX2N-32MT PLC 的数据通信，要求 PC 发送状态继电器读取指令到 PLC 并接收 PLC 返回的状态值，并在程序界面中显示。

重点：三菱 PLC 位元件的读取指令码计算、串口缓冲区数据的还原及位状态显示。

难点：串口缓冲区数据的还原及位状态显示。

4.5.2　PC 与 PLC 串口通信调试

PC 与三菱 PLC 通信采用编程口通信协议。当 PC 从 PLC 读取数据时，计算机向

PLC 发送的命令格式如表 4-6 所示。

表 4-6　PC 读取三菱 PLC 位状态的命令帧格式

起始字符	命令	首地址	字节数	结束符	和校验码
STX	CMD	ADDRESS	BYTES	ETX	SUM
02H	30H	address	01H	03H	sum

PLC 接收到命令后，返回的数据格式如图 4-32 所示。

STX	DATA	ETX	SUM

图 4-32　三菱 PLC 返回字元件值的数据帧格式

为了读取 PLC 状态继电器的 M0～M7 的值，先采用串口调试助手发送读取指令，并获取这些位状态的值，以作为后续 PC 端 LabVIEW 程序指令发送、数据读取、解析串口缓冲区数值的参考。

打开"串口调试助手"程序，设置串口号为 COM1、波特率为 9600、校验位为 EVEN（偶校验）、数据位为 7、停止位为 1 等。注意：设置的通信参数必须与 PLC 一致，选择"十六进制显示"和"十六进制发送"。

实验中，发送读指令的获取过程如下：

开始字符 STX：02H。

命令码 CMD（读）：0（ASCⅡ值为 30H）。

寄存器 M0～M7 的位地址：0100H，其 ASCⅡ值为 30H 31H 30H 30H。

字节数 NUM：01H（ASCⅡ值为 30H 31H），返回 8 个位状态的数据。

结束字符 EXT：03H。

累加和 SUM：30H + 30H + 31H + 30H + 30H + 30H + 31H + 03H = 155H。累加和超过两位数时，取它的低两位，即 SUM 为 55H，55H 的 ASCⅡ值为 35H 35H。

因此，对应的读命令帧格式为：

02 30 30 31 30 30 30 31 03 35 35

打开串口，在串口调试助手的发送区输入上述指令，单击"发送"按钮，PLC 收到命令。如果指令正确执行，接收区显示返回应答帧，如"02 30 31 03 36 34"，如未正确执行，则返回 NAK 码（15H），如图 4-33 所示。

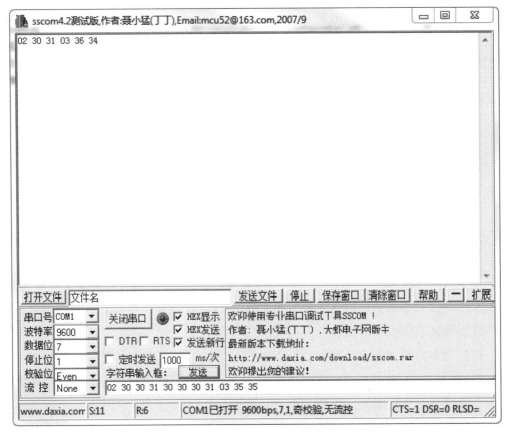

图 4-33　PC 与 PLC 串口通信调试

　　返回的应答帧中，"30 31"表示 M0～M7 的状态，其十六进制形式为 01H，01H 的二进制形式为 00000001，表明 M0 闭合，其他状态继电器断开。

4.5.3　PC 端 LabVIEW 程序设计

1. 前面板设计

　　（1）为了显示返回的 M0～M7 的信息，添加 1 个数值显示控件：依次选择"控件"→"新式"→"数值"→"数值显示控件"，将标签改为"返回的 M 元件信息"。

　　（2）为了直观显示 M0 的状态，添加 1 个布尔指示灯控件：依次选择"控件"→"新式"→"布尔"→"布尔指示灯"，将标签改为"设备运行状态"。

　　（3）为了获得串行端口号，添加 1 个串口资源检测控件：依次选择"控件"→"新式"→"I/O"→"VISA 资源名称"，单击控件箭头，选择串口号，如 COM1。

　　设计的程序前面板如图 4-34 所示。

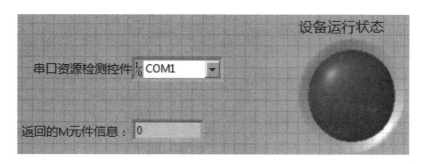

图 4-34　程序前面板图

2. 框图程序设计

1）串口初始化程序设计

（1）添加一个顺序结构：依次选择"函数"→"编程"→"结构"→"层叠式顺序结构"。

将其帧设置为 4 个（序号 0～3）。设置方法：选中层叠式顺序结构上边框，单击鼠标右键，执行"在后边添加帧"命令 3 次。

（2）为了设置通信参数，在顺序结构 Frame0 中添加 1 个串口配置函数：依次选择"函数"→"仪器 I/O"→"串口"→"VISA 配置串口"。

（3）为了设置通信参数值，在顺序结构 Frame0 中添加 4 个数值常量：依次选择"函数"→"编程"→"数值"→"数值常量"，值分别为 9600（波特率）、7（数据位）、2（校验位，偶校验）、10（这里系统规定的设置值为 10，对应 1 位停止位）。

（4）将 VISA 资源名称函数的输出端口与串口配置函数的输入端口 VISA 资源名称相连。

（5）将数值常量 9600、7、2、10 分别与 VISA 配置串口函数的输入端口波特率、数据比特、奇偶、停止位相连。

连接好的框图程序如图 4-35 所示。

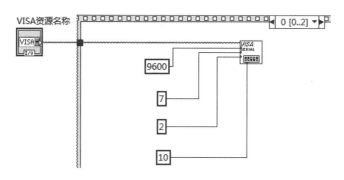

图 4-35　串口初始化框图程序

2）发送指令框图程序

（1）为了发送指令到串口，在顺序结构 Frame1 中添加 1 个串口写入函数：依次选择"函数"→"仪器 I/O"→"串口"→"VISA 写入"。

（2）在顺序结构 Frame1 中添加数组常量：依次选择"函数"→"编程"→"数组"→"数组常量"，将标签改为"读指令"。

再往数组常量中添加数值常量，设置为 11 个，将其数据格式设置为十六进制，方法为：选中数组常量（函数中的数值常量，单击右键，执行"格式与精度"命令），在出现的对话框中，从格式与精度选项中选择十六进制，单击"OK"按钮确定。

将 11 个数值常量的值分别改为 02、30、30、31、30、30、30、31、03、35、35（即从 PLC 的状态继电器 M0 ~ M7 读取 1 字节数据，反映 M0 ~ M7 的状态信息）。

（3）在顺序结构 Frame1 中添加 1 个字节数组转字符串函数：依次选择"函数"→"编程"→"字符串"→"字符串/数组/路径转换"→"字节数组至字符串转换"。

（4）将 VISA 资源名称函数的输出端口与 VISA 写入函数的输入端口 VISA 资源名称相连。

（5）将数组常量（标签为"读指令"）的输出端口与字节数组至字符串转换函数的输入端口无符号字节数组相连。

（6）将字节数组至字符串转换函数的输出端口字符串与 VISA 写入函数的输入端口写入缓冲区相连。

连接好的框图程序如图 4-36 所示。

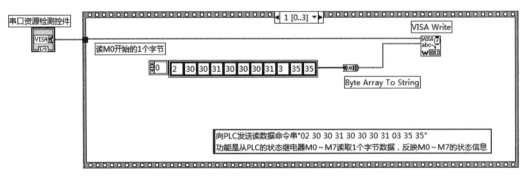

图 4-36　发送指令框图程序

3）延时框图程序

（1）在顺序结构 Frame2 中添加 1 个时钟函数：依次选择"函数"→"编程"→"定时"→"等待下一个整数倍毫秒"。

（2）在顺序结构 Frame2 中添加 1 个数值常量：依次选择"函数"→"编程"→"数值"→"数值常量"，将值改为 500（时钟频率值）。

（3）将数值常量（值为 500）与等待下一个整数倍毫秒函数的输入端口毫秒倍数相连。

连接好的框图程序如图 4-37 所示。

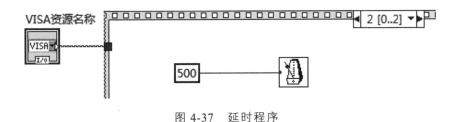

图 4-37　延时程序

4）接收数据框图程序

（1）为了获得串口缓冲区数据个数，在顺序结构 Frame3 中添加 1 个串口字节数函数：依次选择"函数"→"仪器 I/O"→"串口"→"VISA 串口字节数"。

（2）为了从串口缓冲区获取返回数据，在顺序结构 Frame3 中添加 1 个串口读取函数：依次选择"函数"→"仪器 I/O"→"串口"→"VISA 读取"。

（3）在顺序结构 Frame3 中添加 1 个字符串转字节数组函数：依次选择"函数"→"编程"→"字符串"→"字符串/数组/路径转换"→"字符串至字节数组转换"。

（4）在顺序结构 Frame3 中添加 2 个索引数组函数：依次选择"函数"→"编程"→"数组"→"索引数组"。

（5）添加 2 个数值常量：依次选择"函数"→"编程"→"数值"→"数值常量"，值分别是 1、2。

（6）将 VISA 资源名称函数的输出端口分别与串口字节函数的输入端口引用、VISA 读取函数的输入端口 VISA 资源名称相连。

（7）将串口字节函数的输出端口"Number of bytes at Serial port"与 VISA 读取函数的输入端口字节总数相连。

（8）将 VISA 读取函数的输出端口读取缓冲区与字符串至字节数组转换函数的输入端口字符串相连。

（9）将字符串至字节数组转换函数的输出端口无符号字节数组分别与两个索引数组函数的输入端口数组相连。

（10）将数值常量（值为 1、2）分别与索引数组函数的输入端口索引相连。

（11）添加 1 个数值常量：依次选择"函数"→"编程"→"数值"→"数值常量"，选中该常量，单击鼠标右键，旋转"属性"对话框，出现数值常量属性对话框，选择"格式与精度"选项，选择十六进制，确定后输入"30"。减 30 的作用是将读取的 ASCⅡ值转换为十六进制。

（12）添加如下功能函数并连线：将十六进制数值转换为十进制数，再转换为二进制数，就得到 PLC 的继电器状态量值，送入返回信息框显示。

（13）添加如下功能函数并连线：将转换后的十进制状态信息值与数值常量 1 进行比较，并将比较函数的输出端与设备运行状态显示控件相连。

连接好的框图程序如图 4-38 所示。

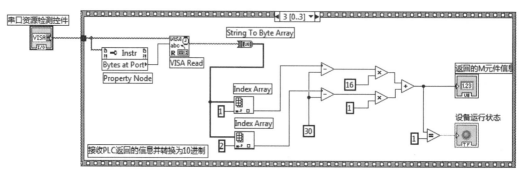

图 4-38　接收数据框图程序

3. 运行程序

程序设计、调试完毕，单击快捷工具栏"连续运行"按钮，运行程序。设置串行端口，PC 读取并显示三菱 PLC 状态继电器 M0 ~ M7 的值，如"00000001"，表示继电器 M0 闭合，其他端口断开，相应程序运行状态指示灯亮。程序运行界面如图4-39 所示。

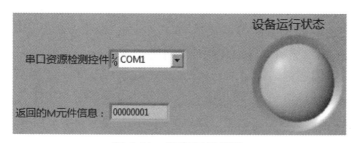

图 4-39　程序运行界面

思考题

实验中对 M0 ~ M7 的软继电器状态进行了读取，并将 M0 的值通过状态指示灯在界面上进行了显示。请完善该程序，使其同时可以将 M0（设备运行中）、M1（正在焊接）、M2（焊接前进）、M3（焊后归零）等 4 个设备的运行状态一并用指示灯显示出来。

第 5 章　搅拌摩擦焊装置控制系统设计

5.1　设计任务

采用 LabVIEW 语言编写程序，实现 PC 与三菱 FX2N-48MT PLC 的数据通信，要求编制一套具有搅拌头温度采集显示、搅拌头转速设定、焊接速度设定、焊缝长度设定、焊机状态显示等功能的控制软件。

5.2　设计说明

为了复现并掌握搅拌摩擦焊接的过程控制，本设计在保留所有技术要点的前提下，对搅拌摩擦焊装置的电气控制系统进行了简化（只保留一个定位轴，其余机构不变）。根据焊接工艺需求，控制系统所涉及的各标量含义及取值范围如表 5-1 所示。

表 5-1　控制系统焊接参数的显示/设定值范围

序号	参数	设定/显示范围	备注
1	搅拌头温度采集	0～1 200 ℃	对应 PLC　A/D 模块 0～10 V 输入
2	搅拌焊头转速	0～2 880 r/min	对应 PLC　D/A 模块 0～10 V 输出
3	焊接速度	100～600 cm/min	对应至伺服电机的 Y0 脉冲频率
4	焊缝长度	100～1 000 mm/min	对应至伺服电机的 Y0 脉冲数量

5.3　系统软元件地址分配

搅拌摩擦焊装置以可编程控制系统（PLC）为核心，在本实验设计过程中，学生需要结合第 2 章所设计的 PLC 程序及预留的元件访问接口，与上位机进行通信并实现 LabVIEW 程序的开发。该装置与计算机通信的软元件地址一览表如表 5-2 所示。

表 5-2　实验设计中 PC 与 PLC 通信的软元件地址一览表

序号	名称	元件	读/写	备注
1	当前位置 X	D500	读	存放焊接方向行走的位置（*400）
2	当前位置 Z	D502	读	存放搅拌头纵向的进给位移
3	搅拌头温度	D504	读	存放旋转搅拌头的当前温度值
4	搅拌头转速	D600	写	用于设定搅拌头转速从而调整焊接工艺
5	焊接速度	D601	写	用于设定焊接速度从而调整焊接工艺
6	焊缝长度	D602	写	用于设定需要焊接的焊缝长度
7	运行按钮			D603 末四位按位组合表示按钮状态，具
8	开始按钮	D603	写	体各按钮对应十进制数如下：
9	停止按钮			复位　停止　开始　运行
10	复位按钮			8　　4　　2　　1
11	运行指示灯	M0	读	显示设备正处于运行状态
12	焊接指示灯	M1	读	显示设备正处于焊接状态
13	正向焊接指示灯	M2	读	显示设备正处于正向焊接的状态
14	反向归零指示灯	M3	读	显示设备正处于焊完后反向归零过程

5.4　实验设计评分标准

实验设计的评分主要根据各技术要点的实现程度来给定，如模拟量的采集、模拟量的输出、开关功能的实现、焊机状态的读取等。评分将综合考虑总体功能的完善程度和界面的友好程度。评分细则及标准可参照表 5-3 执行。

表 5-3　实验设计的评分标准

组号：		#1 姓名：　　学号：　　#2 姓名：　　学号：　　#3 姓名：　　学号：				
序号	评分项	指标要求	分值	考核要点		得分
1	搅拌头温度的读取与显示	读取 PLC D504 的值（50～150 对应 0～10 V），并将该区间均匀缩放到 0～1 200 ℃ 并显示	10	能否将 0～10 V 的模拟量采集信号还原成 0～1 200 ℃ 的实际物理温度区间值。 能且无偏差：10 分； 基本实现：6 分； 不能采集：0 分		

续表

序号	评分项	指标要求	分值	考核要点	得分
2	搅拌头在焊接方向（ X 轴）的实时位置显示	读取 PLC D500 的值并进行无误差显示	10	能否将丝杠位移平稳、无跳动实时显示。 能且无偏差：10 分； 基本实现：6 分； 不能采集：0 分	
3	搅拌头转速的设定	写数据（100 ~ 2 880 r/min）到 D600	10	能够通过界面设定（限定 100 ~ 2 880 的范围，超限强制限值）实现搅拌头转速的无级调速。 能实现限值内的无级输出：10 分； 基本实现：6 分； 不能调速：0 分	
4	焊接速度的设定	写数据（2 ~ 10 mm/min）到 D601	10	能够通过界面设定（限定 2 ~ 10 的范围，超限强制限值）实现焊接速度的无级调速。 能实现限值内的无级输出：10 分； 基本实现：6 分； 不能调速：0 分	
5	焊缝长度的设定	写数据（10 ~ 1 000 mm）到 D602	10	能够通过界面设定（限定 10 ~ 1 000 的范围，超限强制限值）实现焊缝长度的设定。 能实现区间内任意焊缝长度的设定：10 分； 基本实现：6 分； 不能调速：0 分	
6	焊机的开关控制	运行设备 / 开始焊接 / 焊后复位 / 关停设备	20	能实现前述 4 个按钮的功能（任意实现方式均可）。 完全实现：20 分； 否则，少 1 个功能扣 5 分	

续表

序号	评分项	指标要求	分值	考核要点	得分
7	焊机状态的读取	运行指示灯/焊接指示灯/正向焊接中/反向归零中	20	能实现前述 4 个指示灯的功能（用实验装置模拟焊接过程进行测试）。 完全实现：20 分； 否则，少 1 个功能扣 5 分； 有 Bug（程序缺陷），该亮时不亮，不该亮时却亮，该灯扣 2 分	
8	程序界面的友好程度	界面分布情况、控件美观程度、易于操作程度	10	界面设计友好、控件美观大方、软件易于工人操作：10 分； 界面设计基本用心，布局及操作较为合理：8 分； 界面只具有基本功能，更美观、友好不沾边：6 分； 没有经过基本的调整：0 分	
总分			100	总得分（任课教师填写）	

参考文献

[1] 龚仲华，史建成，孙毅. 三菱 FX/Q 系列 PLC 应用技术[M]. 北京：人民邮电出版社，2006.

[2] 龙华伟，伍俊，顾永刚，等.LabVIEW 数据采集与仪器控制[M]. 北京：清华大学出版社，2016.

[3] 李江全，任玲，廖结安，等.LabVIEW 虚拟仪器从入门到测控应用 130 例[M]. 北京：电子工业出版社，2013.

附录 A   思考题答案

4.2   思考题

1. 如何将实验中所采集到的温度数据实时存储到 Excel 工作表中？

答：（1）为了向 Excel 工作表中写入数据，添加一个文本对话框函数：依次选择"函数"→"编程"→"文件 I/O"→"高级文件函数"→"文件对话框"。

（2）添加一个写入电子表格文件函数：依次选择"函数"→"编程"→"文件 I/O"→"写入电子表格文件"。

（3）添加一个布尔真常量：依次选择"函数"→"编程"→"布尔"→"真常量"。

（4）添加一个创建数组函数：依次选择"函数"→"编程"→"数组"→"创建数组"。

（5）将文件对话框函数的输出端口所选路径与写入电子表格文件函数的输入端口文件路径（空时为对话框）相连。

（6）将经十进制转换后的待写入数据与创建数组元素的输入端口元素相连。

（7）将创建数组元素的输出端口添加的数组与写入电子表格文件函数的输入端口一维数据相连。

（8）将真常量与写入电子表格文件函数的输入端口"添加至文件？"相连。

（9）为了连续采集并写入数据，新建一个 While 循环结构：依次选择"函数"→"编程"→"结构"→"While 循环结构"。

（10）拖动鼠标，用 While 循环框架将顺序结构框图的所有程序加入 While 结构中。

（11）添加一个布尔假常量：依次选择"函数"→"编程"→"布尔"→"假常量"。

（12）将布尔假常量与 While 循环的循环条件相连（为真时停止）。

连线后的框图程序如图 A-1 所示。

2. 实验中，采用减"30H"的方式将读取的 ASCⅡ值转换为十六进制数值，这种转化方式是否存在问题，如何更正？（提示：ASCⅡ码 48 ~ 57 对应的字符为 0 ~ 9，ASCⅡ码 65 ~ 70 对应的字符为 A ~ F）

答：当读取的 ASCⅡ值为 65 到 70 之间的值时，采用减"30H"的方式会存在数据解析不正确的问题。原因是 ASCⅡ值对于十六进制字符 0 ~ F 的码值分配不是连续的，可以采用如下方式还原真实值。

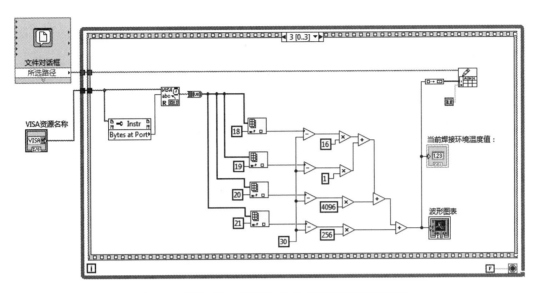

图 A-1　添加写入数据到文件功能后的框图程序

（1）在框图程序中，添加 1 个公式节点：依次选择"函数"→"编程"→"结构"→"公式节点"，用鼠标在框图程序中拖动，画出公式节点的图框。

（2）添加输入端口：在公式节点框架的左边单击鼠标右键，从弹出菜单中选择"添加输入"选项，然后在出现的端口图标中输入变量名称"x"，至此就完成了一个输入端口的创建。

（3）添加输出端口：在公式节点图框的右边单击鼠标右键，从弹出菜单中选择"添加输出"选项，然后在出现的端口图标中输入变量名称"y"，至此就完成了一个输出端口的创建。

（4）按照 C 语言的规则在公式节点的框架中输入公式如下（特别要注意的是公式节点框架内每个公式后都必须以分号结尾）：

if （x >= 48 && x <= 57） {

　　x- = 48;

} 　　//将位于 48 ~ 57 的 ASCⅡ值还原成十六进制数字字符 0 ~ 9（对应十进制值

　　　//0 ~ 9）

else if （x >= 65 && x <= 70） {

　　x = （x - 65） + 10;

} 　　　　//将位于 65 ~ 70 的 ASCⅡ值还原成十六进制数字字符 A ~ F（对应

　　　　　//十进制值 10 ~ 15）

（5）将索引数组输出端口元素或子数组（待转换的数据）与公式节点输入端口 x 相连；将公式节点输出端口 x 与后续十六进制转十进制乘法函数输入端口相连。

连好线的程序框图如图 A-2 所示。

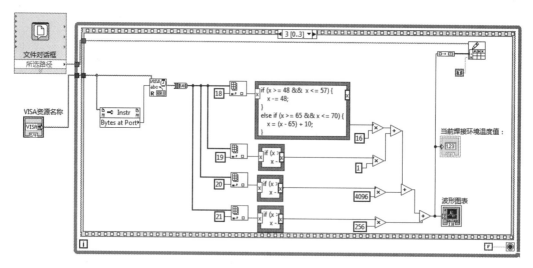

图 A-2 完善 ASCⅡ值转十六进制数字字符功能后的程序框图

4.3 思考题

1. 实验中的奇偶校验码依靠的是人工计算命令码后手动输入，导致编程时计算工作量大且容易出错，请编写程序实现自动生成奇偶校验码和最终命令码的程序。

（1）清空条件结构真选项中的内容。

（2）在条件结构真选项中添加 12 个字符串常量：依次选择"函数"→"编程"→"字符串"→"字符串常量"，将 15 个字符串常量的值分别改为 31、31、34、42、30、30、32、45、38、30、33、03（即向 PLC 寄存器 D600 中写入数据 1000）。

（3）在条件结构真选项中添加 12 个十六进制数字符串至数值转换函数：依次选择"函数"→"编程"→"字符串"→"字符串/数值转换"→"十六进制数字符串至数值转换"。

（4）将 12 个字符串常量分别与 12 个十六进制数字符串至数值转换函数的输入端口字符串相连。

（5）在条件结构真选项中添加 1 个创建数组函数：依次选择"函数"→"编程"→"数组"→"创建数组"。并设置为 12 个元素。

（6）将 12 个十六进制数字符串转换函数的输出端口分别与创建数组函数的对应输入端口元素相连。

（7）在条件结构真选项中添加 1 个 For 循环结构：依次选择"函数"→"编程"→"结构"→"For 循环"。

（8）添加 1 个数值常量：依次选择"函数"→"编程"→"数值"→"数值常量"，将值改为 12。

（9）将数值常量 12 与 For 循环结构的计数端口 N 相连。

（10）选中循环框架边框，单击右键，在弹出菜单中选择"添加移位寄存器"选项，执行 2 次，创建 2 个移位寄存器。

（11）将创建数组函数的输出端口添加的数组与 For 循环左侧上方的移位寄存器相连。

（12）添加 1 个数值常量：依次选择"函数"→"编程"→"数值"→"数值常量"，将值改为 0。

（13）将数值常量 0 与 For 循环结构左侧下方的移位寄存器相连。

（14）在 For 循环结构中添加 1 个索引数组函数：依次选择"函数"→"编程"→"数组"→"索引数组"。

（15）在 For 循环结构中添加 1 个加法函数：依次选择"函数"→"编程"→"数值"→"加"。

（16）将 For 循环左侧上方的移位寄存器与索引数组函数的输入端口数组相连。

（17）将循环端口与索引数组函数的输入端口索引相连。

（18）将 For 循环左侧上方的移位寄存器与 For 循环右侧上方的移位寄存器相连。

（19）将索引数组函数的输出端口与加法函数的输入端口 x 相连。

（20）将 For 循环左侧下方的移位寄存器与加法函数的输入端口 y 相连。

（21）将加法函数的输出端口"x+y"与 For 循环右侧下方的移位寄存器相连。

（22）在条件结构真选项中添加一个数值转十六进制字符串函数：依次选择"函数"→"编程"→"字符串"→"数值/字符串转换"→"数字到十六进制字符串转换"。

（23）在条件结构真选项中添加 5 个数值常量：依次选择"函数"→"编程"→"数值"→"数值常量"，将值改为 0、0、2、3、4。

（24）将数值转十六进制字符串转换函数的输入端数字与 For 循环右侧下方的移位寄存器相连；将十六进制字符串转换函数的输入端宽度与数值常量 4 相连。

（25）在条件结构真选项中添加一个字符串转字节数组函数：依次选择"函数"→"编程"→"字符串"→"路径/数组/字符串转换"→"字符串转字节数组"。

（26）将数值转十六进制字符串函数的输出端十六进制字符串与字符串转字节数组的输入端字符串相连。

（27）在条件结构真选项中添加 2 个索引数组函数：依次选择"函数"→"编程"→"数组"→"索引数组"。

（28）将字符串转字节数组的输出端分别与 2 个索引数组函数的输入端数组相连。

（29）将数值常量 2、3 分别与索引数组函数的输入端索引相连。

（30）在条件结构真选项中添加一个创建数组函数：依次选择"函数"→"编程"→"数组"→"创建数组"，并设置为 2 个元素。

（31）将创建数组函数的输入端元素分别与 2 个索引数组函数的输出端元素或子数组相连。

（32）在条件结构真选项中添加 1 个字符串常量：依次选择"函数"→"编程"→"字符串"→"字符串常量"，将其值改为 02。

（33）在条件结构真选项中添加 1 个十六进制字符串转数值函数：依次选择"函数"→"编程"→"字符串"→"数字字符串转换"→"十六进制字符串转数值"。

（34）在条件结构真选项中添加 2 个插入数组函数：依次选择"函数"→"编程"→"数组"→"插入数组"。

（35）将十六进制字符串转数值函数的输入端与字符串常量 02 相连。

（36）将十六进制字符串转数值函数的输出端与插入数组函数的输入端新元素/子数组相连。

（37）将插入数组函数的输入端数组与创建数组函数（12 个元素）的输出端添加的数组相连；将插入数组函数的输入端索引与数值常量 0 相连。

（38）将插入数组函数的输出端输出的数组与另一插入数组函数的输入端新元素/子数组相连；将数值常量 0 与另一插入数组函数的输入端索引相连；将创建数组函数的输出端添加的数组与另一插入数组函数的输入端数组相连。

（39）在条件结构真选项中添加一个字节数组转字符串函数：依次选择"函数"→"编程"→"字符串"→"路径/数组/字符串转换"→"字节数组转字符串"。

（40）将字节数组转字符串函数的输入端口无符号字节数组与插入数组函数的输出端输出的数组相连。

（41）将字节数组转字符串函数的输出端字符串与 VISA 写入函数的输入端口写入缓冲区相连。

连线后的框图程序如图 A-3 所示。

2. 实际工程中常常需要更改速度的设定值，也就是说需要传送的不同的数据值。而采用本实验中的固定命令码发送的形式无法满足这种需求。请编写程序，能够接收根据文本框中输入的一个数据，自动生成命令码（包括奇偶校验码），然后写入 PLC 中控制模拟量输出。

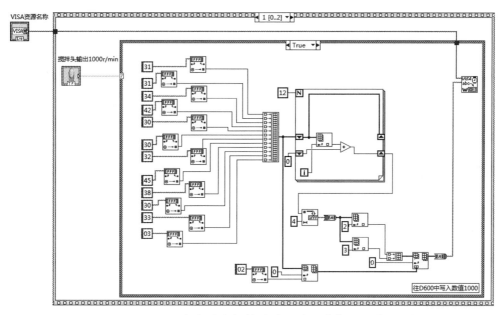

图 A-3 具有自动奇偶校验功能的程序框图程序

1）前面板更改

为了接收设定的转速信息，需要在实验中的前面板中再添加 1 个数值输入框：依次选择"控件"→"新式"→"数值"→"数值输入控件"。

修改后的前面板如图 A-4 所示。

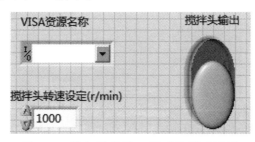

图 A-4 增加数值输入框后的前面板图

2）主程序框图更改

为了将数字输入框中的数值写入到 PLC 中，需要将原程序框图中表示数值的固定码值（如表示数值 1000 时的十六进制字符串 03E8H，命令码中为 45、38、30、33）替换为数值输入框中的对应值。具体步骤如下：

（1）在条件结构真选项中添加 1 个数值转十六进制字符串函数：依次选择"函数"→"编程"→"字符串"→"数值/字符串转换"→"数字到十六进制字符串转换"。

（2）将数值转十六进制字符串函数的输入端数字与数值输入控件"搅拌头转速设定（r/min）"的输出端相连。

（3）在条件结构真选项中添加 5 个数值常量：依次选择"函数"→"编程"→"数值"→"数值常量"，将值改为 0、1、2、3、4。

（4）将数值转十六进制字符串函数的输入端宽度与数值常量 4 相连。

（5）在条件结构真选项中添加 1 个字符串转字节数组函数：依次选择"函数"→"编程"→"字符串"→"路径/数组/字符串转换"→"字符串转字节数组"。

（6）将字符串转字节数组函数的输入端字符串与数值转十六进制字符串函数的输出端相连。

（7）在条件结构真选项中添加 4 个索引数组函数：依次选择"函数"→"编程"→"数组"→"索引数组"。

（8）将 4 个索引数组函数的输入端数组分别与字符串转字节数组函数的输出端无符号字节数组相连。

（9）将数值常量 2、3、0、1 分别与 4 个索引数组函数的输入端索引相连。

（10）将 4 个索引数组函数的输出端元素分别与创建数组函数的相应输入端元素相连。

连好线后的程序框图如图 A-5 所示。

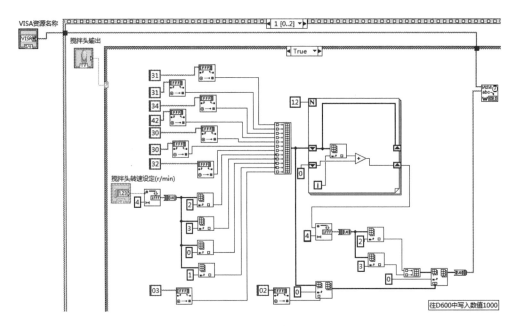

图 A-5　根据数值输入自动生成命令码的主程序框图

3. 在程序编写过程中，为了提高单个功能程序的利用性和提高效率，往往需要将具有某种功能的程序制作成独立的单个子程序，以供任意程序调用。请将上题中具有奇偶校验功能的部分程序制成单独的子程序，并提供接口供以后的实验调用。

1）前面板设计

（1）为了接收奇偶校验数据的个数，在前面板中添加 1 个数值输入框：依次选择"控件"→"新式"→"数值"→"数值输入控件"，并将名称更改为"循环次数"。

（2）为了接收奇偶校验对象（数组格式），在前面板中添加 1 个数组输入控件：依次选择"控件"→"新式"→"数组、矩阵与簇"→"数组控件"，并将名称更改为"奇偶校验对象数组"。

（3）为了向数组中添加数值类型元素，在前面板中添加 1 个数值输入框：依次选择"控件"→"新式"→"数值"→"数值输入控件"，并将其拖动到数组控件之内。

（4）为了向调用函数返回一串命令码，在前面板中添加一个字符串显示控件：依次选择"控件"→"新式"→"字符串与路径"→"字符串显示控件"，并将名称更改为"命令码（含校验码+停止位）"。

奇偶校验子程序的前面板如图 A-6 所示。

图 A-6　奇偶校验子程序的前面板图

2）主程序框图

（1）将 4.3 小节思考题 2 Frame1 中关于奇偶校验的程序内容（创建数组函数与 VISA 写入函数之间的部分），拷贝到主程序中。

（2）将数值输入控件"循环次数"的输出端与 For 循环的循环总数接线端（N）相连。

（3）将数组输入控件"奇偶校验对象数组"的输出端与 For 循环左侧上端的移位寄存器相连；将数组输入控件"奇偶校验对象数组"的输出端与数组插入函数的输入端数组相连。

（4）将字节数组至字符串转换函数的输出端与字符串显示控件"命令码（含校验码+停止位）"相连。

连好线后的程序框图如图 A-7 所示。

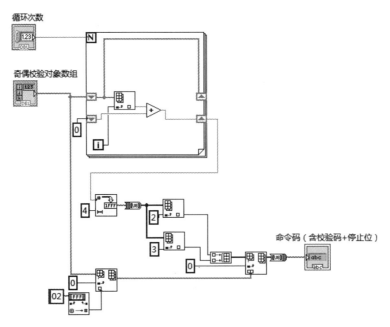

图 A-7　奇偶校验子程序的程序框图

3）连接端口的创建

（1）右键单击 VI 前面板的右上角图标，在弹出菜单中选择"显示连线板"选项，原来的图标位置就会出现一个端口（LabVIEW 程序也可能默认会显示该连接端口）。

（2）右键单击连接端口，在弹出的菜单中选择"模式"选项，会出现一个图形化下拉菜单，选择一个连接端口（两个输入，一个输出），如图 A-8 所示。

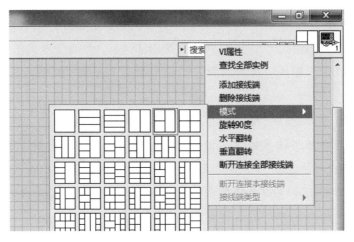

图 A-8　连接端口的建立

（3）在工具选板中将鼠标变为连线工具状态。

（4）用鼠标在数值输入控件"循环次数"上单击，选中控件，此时该控件的图标周围会出现一个虚线框。

（5）将鼠标移动至连接端口的一个端口上（左上角第一个输入端口）并单击，此时这个端口就建立了与数值输入控件"循环次数"的关联关系，端口的名称为"循环次数"，颜色为棕色。

当其他 VI 调用这个 SubVI 时，从这个连接端口输入的数据就会输入到数值输入控件"循环次数"中，然后程序从控件"循环次数"在框图程序中所对应的端口中将数据取出，进行相应的处理。

（6）采用同样的方法建立数组输入控件"奇偶校验对象数组"与另一个连接端口（左上角第二个）的关联关系，建立字符串显示控件"命令码（含校验码+停止位）"与输出端口（右侧）的关联关系，如图 A-9 所示。

图 A-9　建立控件与连接端口的关联关系

当对此奇偶校验 SubVI 程序进行调用时，其在调用程序框图中的显示图标如图 A-10 所示。

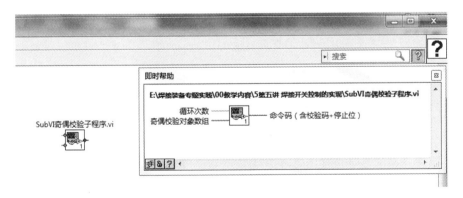

图 A-10　奇偶校验子程序在调用时的图标和帮助信息

4.4　思考题

1. 本实验中采用传统置位/复位位元件的方式对输出端口进行操作，如果控制系统中存在多个输出开关，那么用 LabVIEW 编程时会有大量重复性的置位/复位语句。

设计 LabVIEW 程序，将搅拌摩擦焊机的控制按钮进行数值组合并写入三菱 FX2N PLC 的寄存器 D603 中。其定义如下：1（0001）——运行设备；2（0010）——开始焊接；4（0100）——焊后归位；8（1000）——关停设备。

1）前面板设计

（1）为了输出开关信号，添加 4 个开关控件：依次选择"控件"→"新式"→"布尔"→"确定按钮控件"，将标签分别改为运行设备、开始焊接、焊后归位、关停设备。

分别右键单击 4 个按钮，在右键菜单栏中单击属性，在弹出的布尔类的属性对话框中，单击"操作"选项栏，在按钮动作项目栏内选择"单击时触发"，如图 A-11 所示。

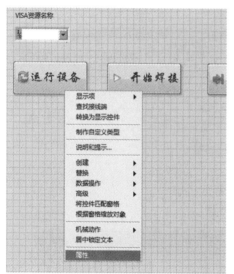 

图 A-11　开关按钮属性设置

（2）为了获得串行端口号，添加 1 个串口资源检测控件：依次选择"控件"→"新式"→"I/O"→"VISA 资源名称"，单击控件箭头，选择串口号，如 COM1。

设计的程序前面板如图 A-12 所示。

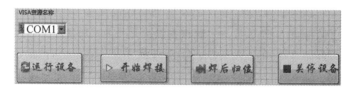

图 A-12　思考题程序前面板图

2）框图程序设计

（1）串口初始化程序设计。

① 添加一个顺序结构：依次选择"函数"→"编程"→"结构"→"层叠式顺序结构"。

将其帧设置为 3 个（序号 0~2）。设置方法：选中层叠式顺序结构上边框，单击鼠标右键，执行"在后边添加帧"命令 2 次。

② 为了设置通信参数，在顺序结构 Frame0 中添加 1 个串口配置函数：依次选择"函数"→"仪器 I/O"→"串口"→"VISA 配置串口"。

③ 为了设置通信参数值，在顺序结构 Frame0 中添加 4 个数值常量：依次选择"函数"→"编程"→"数值"→"数值常量"，值分别为 9600（波特率）、7（数据位）、2（校验位，偶校验）、10（这里系统规定的设置值为 10，对应 1 位停止位）。

④ 将 VISA 资源名称函数的输出端口与串口配置函数的输入端口 VISA 资源名称相连。

⑤ 将数值常量 9600、7、2、10 分别与 VISA 配置串口函数的输入端口波特率、数据比特、奇偶、停止位相连。

连接好的框图程序如图 A-13 所示。

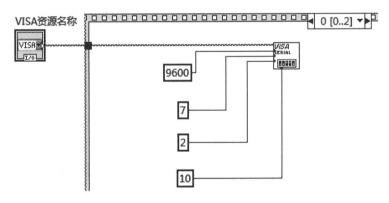

图 A-13 串口初始化框图程序

（2）发送指令框图程序。

① 为了发送指令到串口，在条件结构真选项中添加 1 个串口写入函数，依次选择"函数"→"仪器 I/O"→"串口"→"VISA 写入"。

② 将 VISA 资源名称函数的输出端口与 VISA 写入函数的输入端口 VISA 资源名称相连。

③ 在顺序结构 Frame1 中添加 8 个字符串常量：依次选择"函数"→"编程"→"字符串"→"字符串常量"，将 8 个字符串常量的值分别改为 31、31、34、42、36、

30、32、03（即向 PLC 发送指令，包括写命令、地址、字节长度，停止位）。

④ 在顺序结构 Frame1 中添加 8 个十六进制数字符串至数值转换函数：依次选择"函数"→"编程"→"字符串"→"字符串/数值转换"→"十六进制数字符串至数值转换"。

⑤ 将 8 个字符串常量分别与 8 个十六进制数字符串至数值转换函数的输入端口字符串相连。

⑥ 在顺序结构 Frame1 中添加 1 个创建数组函数：依次选择"函数"→"编程"→"数组"→"创建数组"。并设置为 4 个元素。

⑦ 将开关按钮的输出端口分别与创建数组函数的对应输入端口元素相连（注意顺序，由上至下为运行设备、开始焊接、焊后归位、关停设备）。

⑧ 添加布尔数组至数值转换函数：依次选择"函数"→"编程"→"布尔"→"布尔数组至数值"。

⑨ 将创建数组函数的输出端创建的数组与布尔数组至数值转换函数的输入端布尔数组相连。

⑩ 在顺序结构 Frame1 中添加 1 个数值至十六进制字符串转换函数。

⑪ 在顺序结构 Frame1 中添加 1 个数值常量，并将其值改为 4。

⑫ 将布尔数组至数值转换函数的输出端数值与数值至十六进制字符串转换函数的输入端数值相连；将数值常量 4 与数值至十六进制字符串转换函数的输入端宽度相连。

⑬ 在顺序结构 Frame1 中添加 1 个字符串到字节数组转换函数。

⑭ 将数值至十六进制字符串转换函数的输出端十六进制字符串与字符串到字节数组转换函数的输入端字符串相连。

⑮ 在顺序结构 Frame1 中分别添加 4 个索引数组函数。

⑯ 将字符串到字节数组转换函数的输出端无符号字节数组分别与索引数组函数的输入端 n 维数组相连。

⑰ 在顺序结构 Frame1 中分别添加 4 个数值常量，将其值分别更改为 2、3、0、1。

⑱ 将 4 个数值常量 2、3、0、1 分别与索引数组函数的输入端索引 0 相连。

⑲ 在顺序结构 Frame1 中添加 1 个创建数组函数：依次选择"函数"→"编程"→"数组"→"创建数组"，并设置为 12 个元素。

⑳ 将创建数组函数的输入端元素分别与字符串常量 31、31、34、42、36、30、32 所对应的十六进制数字符串至数值转换函数的输出端数值，按钮组合对应的四个索引数组函数的输出端元素或子数组，字符串常量 03 所对应的十六进制数字符串至数值转换函数的输出端数值相连。

㉑ 为了进行自动奇偶校验和自动生成命令码,在顺序结构 Frame1 中调用 SubVI (奇偶校验子程序):选择函数选板中的"选择 VI..."子选板,弹出"选择需打开的 VI"对话框,在该对话框中找到需要调用的 SubVI,本实验中文件名为"SubVI 奇偶调用子程序",选中后单击"确定"按钮,如图 A-14 所示。

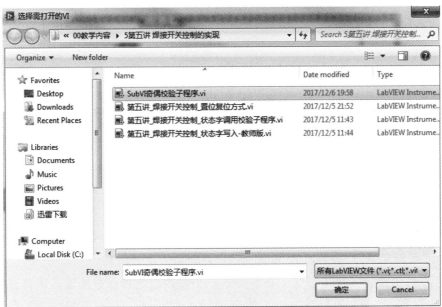

图 A-14　选择 SubVI 奇偶校验子程序

㉒ 将"SubVI 奇偶校验子程序"的图标放至主 VI 框图程序窗口中。此时，在鼠标上会出现 SubVI 奇偶校验子程序.vi 的虚框，将其移动到框图程序窗口中的适当位置上，单击鼠标左键，将图标加入主 VI 的框图程序中。

㉓ 为了测量奇偶校验对象数组的大小，在顺序结构 Frame1 中添加一个数组大小函数：依次选择"函数"→"编程"→"数组"→"数组大小"。

㉔ 将创建数组函数的输出端创建的数组分别与 SubVI 奇偶校验子程序的输入端奇偶校验对象数组和另一输入端循环次数相连。

㉕ 将 SubVI 奇偶校验子程序的输出端与 VISA 写入函数的输入端写入缓冲区相连。

连接好的框图程序如图 A-15 所示。

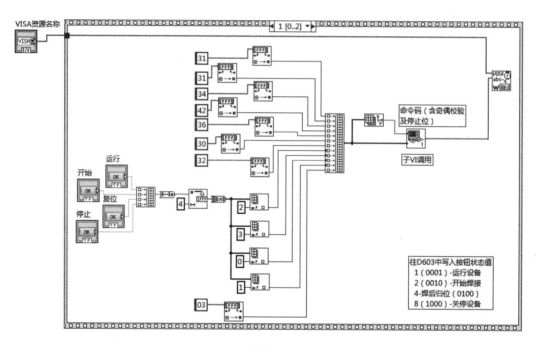

图 A-15　发送指令框图程序

（3）延时框图程序。

① 在顺序结构 Frame2 中添加 1 个时钟函数：依次选择"函数"→"编程"→"定时"→"等待下一个整数倍毫秒"。

② 在顺序结构 Frame2 中添加 1 个数值常量：依次选择"函数"→"编程"→"数值"→"数值常量"，将值改为 500（时钟频率值）。

③ 将数值常量（值为 500）与等待下一个整数倍毫秒函数的输入端口毫秒倍数相连。

连接好的框图程序如图 A-16 所示。

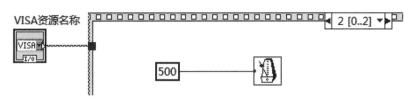

图 A-16　延时程序

3）运行程序

程序设计、调试完毕，单击快捷工具栏"连续运行"按钮，运行程序。

设置串行端口，单击"运行设备"按钮，观察 PLC 的 Y4（主轴旋转驱动端）输出端口状态灯是否亮起，同时用万用测试模拟量输出端 Vout 与 COM 间是否有电压输出（默认为 4 V，取决于用户是否调整过 D600 的值）；单击"开始焊接"按钮，观察 PLC 的 Y0（高频脉冲输出端）输出端口状态灯是否在高频闪烁（当 D602 中设定了焊缝长度值时）；单击"焊后归位"按钮，观察 PLC 的 Y3（搅拌头行走方向）、Y4 输出端口状态灯是否同时亮起；单击"关停设备"按钮，观察 PLC 的所有输出端口状态灯是否全灭。

程序运行界面如图 A-17 所示。

图 A-17　程序运行界面

2. 请在上述思考题 1 的基础上，增加一个可以调整搅拌摩擦焊搅拌头旋转速度的功能。

1）程序框图设计更改

（1）打开思考题 1 中所设计的程序框图，在层叠式顺序结构 Frame0 中用鼠标右击其上边框，执行"在后边添加帧"命令 2 次，在原 Frame0 和原 Frame1 之间添加两个空白帧。

（2）打开 4.3 思考题 2 所设计的程序框图，在层叠式顺序结构 Frame1 中选择并复制其条件结构（真）内的所有程序内容。

（3）将复制的程序内容拷贝到（1）中新添加的空白帧 Frame1 中。

（4）在顺序结构 Frame1 中将 VISA 写入函数的输入端 VISA 资源名称与 VISA 资源名称函数的输出端口相连。

连接好的发送指令框图程序如图 A-18 所示（读者也可自行调用奇偶校验子程序替换掉图中的奇偶码计算和最终命令码生成程序）。

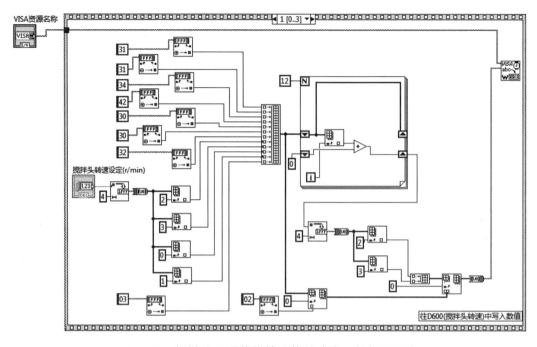

图 A-18　新增的可调整搅拌头旋转速度的帧框图程序

（5）在新增的顺序结构 Frame2 中添加 1 个时钟函数：依次选择"函数"→"编程"→"定时"→"等待下一个整数倍毫秒"。

（6）在新增的顺序结构 Frame2 中添加 1 个数值常量：依次选择"函数"→"编程"→"数值"→"数值常量"，将值改为 200（时钟频率值）。

（7）将数值常量（值为 200）与等待下一个整数倍毫秒函数的输入端口毫秒倍数相连。

连接好的延时程序框图如图 A-19 所示。

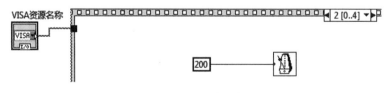

图 A-19　延时程序

2）主面板更改

当粘贴程序进入本题的程序框图时，由于其中含有名称为"搅拌头转速设定

（r/min）"的数值输入控件，因此粘贴过程会一并将其在程序主面板上的数值输入控件自动粘贴到本题程序的主面板中。调整其在主面板中位置，如图 A-20 所示。

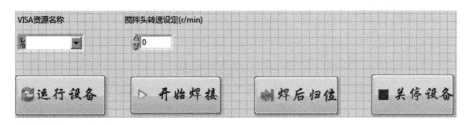

图 A-20　更改后的主程序框图

3）运行程序

程序设计、调试完毕，单击快捷工具栏"连续运行"按钮，运行程序。

设置串行端口，在"搅拌头转速设定（r/min）"中输入要设定的转速值。单击"运行设备"按钮，观察 PLC 的 Y4（主轴旋转驱动端）输出端口状态灯是否亮起，同时用万用测试模拟量输出端 Vout 与 COM 间是否有相应的电压输出（ 0 ~ 2 880 r/min 对应 0 ~ 10 V 输出），测定完毕后单击"关停设备"按钮，将 PLC 恢复到初始状态。

程序运行界面如图 A-21 所示。

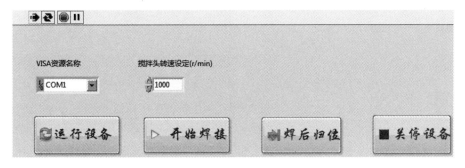

图 A-21　更改后的程序运行界面